应急知识
社区读本

YINGJI ZHISHI
SHEQU DUBEN

河南省红十字会　编

关爱生命

河南科学技术出版社
·郑州·

图书在版编目（CIP）数据

应急知识社区读本/河南省红十字会编．—郑州：河南科学技术出版社，2013.7（2024.8重印）
ISBN 978-7-5349-6406-0

Ⅰ.①应… Ⅱ.①河… Ⅲ.①突发事件－安全教育－普及读物 Ⅳ.①X4-49

中国版本图书馆CIP数据核字(2013)第117941号

出版发行：河南科学技术出版社
地址：郑州市郑东新区祥盛街27号　邮编：450016
网址：www.hnstp.cn
购书电话：(0371) 65788629　65737028策划
编辑：马艳茹　范广红
责任编辑：李明辉
责任校对：崔春娟
整体设计：张　伟
责任印制：张艳芳
印　刷：永清县晔盛亚胶印有限公司
经　销：全国新华书店
幅面尺寸：170 mm × 240 mm　印张：6　字数：130 千字
版　次：2013 年 7 月第 1 版　2024年 8 月第 5 次印刷
定　价：48.00 元

编委名单

序

红十字会是世界上历史最悠久的人道主义救助团体，与联合国、国际奥委会并列为三大国际组织。国际红十字运动起源于战地救护，发展至今，战地救护已演变为面对公众的初级的、现场的、群众性的应急救护培训。150 年来，世界各国红十字会始终致力于保护人的生命和健康，不断探索开展应急救护培训工作，积极推广应急救护知识的普及。应急救护工作始终是我国红十字会的传统核心业务，也是《中华人民共和国红十字会法》赋予红十字会的一项重要职责。红十字会在开展应急救护工作方面积累了大量的宝贵经验，取得较好的效果。

近年来，随着社会进步和经济条件的改善，公众的安全意识有了长足的提高，自救互救能力有所提升，减少了一些突发事件和意外伤害事故所造成的损失。但由于应急救护知识、技能的普及程度和范围有限，还没有实现人人都掌握自救互救技能和防灾避险知识的目标，特别是在遇到诸如地震、泥石流、洪涝灾害等重大突发事件时，公众的应急能力还存在一定程度的不足，从而影响了灾害的应急救援效果。因此，对公众进行自救互救技能和防灾避险知识的普及培训非常必要，非常迫切。

《国务院关于促进红十字事业发展的意见》指出，“要充分发挥红十字会在公众参与的应急救护培训中的主体作用。支持红十字会在易发生意外伤害的教育、公共安全等领域以及交通运输、矿山、建筑、电力等行业中开展应急救护培训。积极推动红十字救护培训‘进社区、进农村、进学校、进企业、进机关’，不断提高应急救护知识在人民群众中的普及率”。这不仅是对红十字会的职责要求，更是落实科学发展观的重要体现，是维护人民群众根本利益的重要举措，是社会和谐稳定的重要环节，是实现中国梦的重要保障。

河南省红十字会在省委、省政府和中国红十字会总会的领导下，大力开展应急救护师资培训、应急救护员培训，积极推动红十字救护培训“五进”活动，认真组织红十字应急救护员参与突发事件救援和社会活动保障服务，成效显著。为了进一步做好应急救护知识的推广和普及，省红十字会组织专家编写了应急知识读本丛书。整套丛书图文并茂，通俗易懂，非常适合普通公众阅读和参考。希望该书的出版能帮助社会公众增强防灾避险意识，提高自救互救能力，各级政府、有关单位及社会公众要充分利用好这套丛书，丰富应急常识，不断提高应对和处置突发事件的能力和水平，为实现中华民族伟大复兴的“中国梦”和中原崛起、河南振兴、富民强省的“中原梦”做出新的更大的贡献。

王艳玲

（河南省人民政府副省长）

2013 年 7 月 5 日

前　言

地震、泥石流、洪水，这些自然灾害无时无刻不带来死亡的威胁；心绞痛、高血压急症、哮喘发作，这些生活中的意外和突发事件随时会危及生命。面对突然而至的意外，甚至是死亡的威胁，如何处理，如何避险，如何自救与互救，如何能最大程度地减少损失，挽救生命，是广大人民群众在面临危险和威胁时的深切期望。

据有关资料显示，每年我国发生各类伤害约 2 亿人次，因伤害死亡超过 70 万人。最常见的伤害主要有交通事故、自杀、溺水、中毒、跌落等，导致的死亡案例占全部伤害死亡的 70% 左右。由于缺乏急救常识，在一些突发事故现场，伤病员不懂自救知识，围观的群众也常常不知所措，只能无奈地等待救护车的到来，使伤病员失去了最佳的抢救时机；也有因不懂急救常识而在慌乱之中采取了错误的施救方法，导致伤病员雪上加霜，造成不应有的损失和遗憾。现场应急救护是公众利用所学的急救知识，就地取材，抓住“救命的黄金时间”对伤病员进行的初步救治，能有效降低伤残率和死亡率，最大限度保护人民的生命和健康。

近年来，河南省各级红十字会在省委、省政府的正确领导和中国红十字会总会的精心指导下，大力开展应急救护师资培训、应急救护员培训，组织红十字应急救护员参与突发事件救援和社会保障服务活动，取得了较好的效果，积累了丰富的经验。为了进一步落实《国务院关于促进红十字事业发展的意见》要求，推动应急救护工作的进一步开展，省红十字会组织有关专家编写了应急知识读本丛书。本套丛书重点突出应急救护基本知识，用通俗的语言文字、活泼清晰的图示来讲解和阐释这些急救常识和基本技能。对于意外伤害、突发事件、常见急症、生产安全、心理健康等部分，也力图用简单轻松的语言、丰富有趣的插图来进行知识的讲解，力求让读者看得懂、学得会、用得上。

应急知识读本丛书分为社区版本、农村版本、学校版本、企业版本、机关版本，读者对象明确，知识深浅适中。这套丛书完全可以作为开展应急救护知识普及的主要教材和有效载体，让广大群众都能从这套丛书中学到应急救护知识和防灾避险技能，提升自救互救能力。

由于我们水平有限，编写时间仓促，书中难免有不少缺憾甚至错误，希望读者不吝赐教，以便于我们及时修订更正，以臻完善。

河南省红十字会

2013 年 5 月 8 日

目 录

第一部分 应急救护基本知识

随着人类生活节奏的加快、对外交往的增多、交通运输方式的多样化，以及社会的老龄化趋势、疾病谱的改变等，各种急危重症、意外伤害事故及自然灾害的发生有明显增加的趋势。如能掌握正确的急救方法，在事故发生后的“救命黄金时间”内对伤病员进行及时的、正确的初步急救，可以为伤病员后期在医院的救治创造有利条件，从而最大限度地挽救伤病员的生命并减少伤残。

1 生命链

生命链是指以现场“第一反应者”开始，至专业急救人员到达进行抢救的一系列活动组成的“链”。它是近20年来国际上出现的急救专用名词。美国心脏病学会最早在《美国医学杂志》上正式使用“生命链”一词。

提示

生命链有五个互相联系的环节，其内容普及得越广泛，所有的环节进行得越及时、充分，危急伤病员获救的成功率就越高。

- 立即识别心脏骤停并启动急救系统。
- 尽早进行心肺复苏，着重于胸外按压。
- 快速除颤。
- 有效的高级生命支持。
- 综合的心脏骤停后治疗。

小知识

急救医疗服务体系：

急救医疗服务体系（EMSS）是为外伤与危重伤病员提供急救医疗服务的社会资源与人员网络系统。它把急救医疗护理措施迅速地送到危重伤病员身边或送到发病现场，经过初步诊治处理，维护其基本生命，然后将伤病员安全转送到医院，为抢救生命和改善预后争取了时间，极大程度地保证了伤病员的生命安全。急救医疗服务体系实行统一调配、统一配置、统一运作，各环节不仅有各自的工作职责和任务，而且相互密切联系，从而达到用最短的时间把最有效的医疗护理服务提供给最需要救护的伤病员，常被称为“绿色通道”，适合于对急危重症伤病员的医疗救助，以及大型灾害或意外事故的救援。

2 现场评估和自我保护

当突发事件来临时，我们应该保持镇静，正确运用所掌握的急救知识进行自救和互救，最大限度地抢救生命，降低伤残。在进行急救前，应进行现场评估，判断伤病员基本情况。

提示

急救时应分轻重缓急，先救命，后治伤。在发生突发公共事件时，一定要先进行伤检分类。

现场评估

1. 保持冷静，并帮助他人稳定情绪。

2. 评估自己的能力：在不具备救援能力的情况下，不要盲目救人。例如，遇到有人落水，如果本身不会游泳或不知道水中救援的方法却盲目跳入水中救援，不仅会耽误营救时间，还可能给自身带来危害。

3. 评估现场是否有潜在危险：如火灾现场是否有爆炸、房屋倒塌的危险；发生交通事故时有无在来车方向设置警示标志（普通公路在来车方向 50 ~ 100 米处放置警示标志，高速公路在来车方向 150 米处放置警示标志），提醒来往车辆予以避让。

4. 评估伤病员病情：包括意识、呼吸、循环体征等方面的评估。

（1）评估意识情况：在高声呼唤、轻轻拍推伤病员无反应时，表明其意识丧失，已处于危重状态。

（2）评估气道情况：评估气道是否畅通、有无阻塞。如伤病员有反应但不能说话与咳嗽，可能存在气道阻塞，必须立即检查和解除。

（3）评估呼吸情况：评估伤病员是否有自主呼吸等。如伤病员呼吸已停止，应立即进行人工呼吸。

（4）评估皮肤的温度、颜色：如伤病员面色苍白或青紫，口唇、指甲发绀，皮肤发冷等，表明循环和氧代谢情况差。

（5）评估肢体骨骼：检查伤病员的头部、颈部、胸部、腹部、盆腔，以及脊柱、四肢，有无开放性损伤、骨折畸形、触痛、肿胀等。

5. 表明身份，在征得伤病员同意后再进行急救。

自我保护

保障安全，避免意外危及自己和参与救护的人员。尽量使用个人防护用品，以阻止病原体进入自身体内，如使用呼吸面罩、手套、眼罩、口罩等。

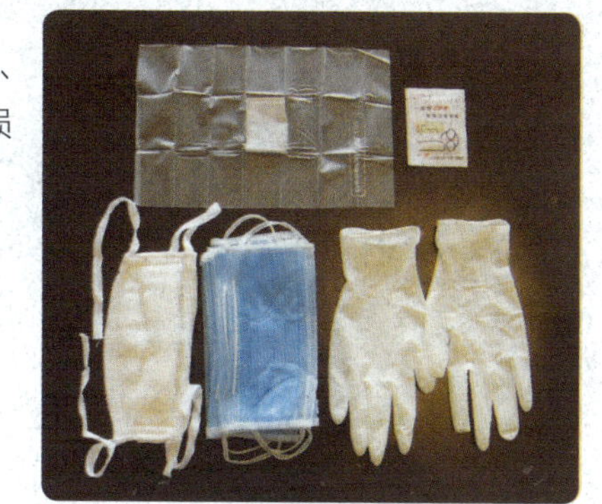

防护用品

3 如何拨打急救电话

我国常用的急救电话为：“110”报警电话、“119”火警电话、“120”或“999”医疗急救电话、“122”交通事故电话。拨打报警求救电话应当争分夺秒，语言要清楚、精练、准确。

提示

拨打急救电话时，千万不要先挂断电话，待对方问完情况得到可以挂断电话的提示后，再挂电话。

拨打急救电话要说清楚以下几个重要内容：

1. 意外发生的地点：要详细说明意外发生的确切地点，最好说出事发地附近的标志性建筑物或容易看到的标志。

2. 现场可联系电话及报警人姓名：要说清报警人的姓名和现场可联系的电话号码，并保持电话畅通。

3. 发生意外的原因：要详细说明意外是由什么原因引起的，如触电、溺水、中毒、交通事故等。

4. 伤病人数、具体情况：说清伤病人数及具体情况，如伤病员的清醒程度、呼吸状况、脉搏情况、有无大出血等。

5. 说明是否采取了急救措施，采取了什么样的急救措施。

进一步建议

在拨打急救电话 15 ~ 20 分钟后，如救护车仍未到达，可以再次打电话询问。

4 心肺复苏

心肺复苏（CPR）是用于呼吸和心搏突然停止、意识丧失的伤病员现场急救的一种方法，目的是通过操作来恢复猝死伤病员的自主循环、自主呼吸和意识。心肺复苏最重要的阶段为基础生命支持（BLS），其内容归纳为 CAB 三步骤。

提示

C（circulation）是指建立有效循环。

A（airway）是指畅通气道。

B（breathing）是指人工呼吸。

现场评估

一、判断意识并启动急救医疗服务体系

1. 判断意识：轻拍伤病员肩部，在其耳旁高声呼唤："喂，你怎么了？"如轻拍、高呼无反应，即判断为无意识。在判断意识的同时还要判断有无呼吸。

2. 启动急救医疗服务体系：一旦判断伤病员意识丧失无呼吸，立即呼救，并拨打急救电话，寻求会急救技术的人一起施救。

专家提示

如果脑组织血液循环中断 4 ~ 6 分钟，脑细胞就会发生不可逆的肿胀、变性和坏死，伤病员存活的希望往往取决于最初的这几分钟时间。所以一旦发生心搏、呼吸骤停，第一反应者要在最短时间内进行抢救，并迅速启动急救医疗服务体系。

二、建立有效循环——胸外按压（C）

进行心肺复苏时，应使伤病员仰卧于坚实平面（地面或垫板）上，呈心肺复苏体位。伤病员头颈与躯干保持在一个轴线上，注意保护伤病员颈部。

1. 检查颈动脉搏动：检查颈动脉搏动的时间不超过 10 秒，非专业急救人员不需要检查伤病员颈动脉搏动。

2. 胸外心脏按压：

心脏位置： 一般人的心脏位于胸腔中间偏左，约 2/3 居正中线左侧，1/3 居正中线右侧。

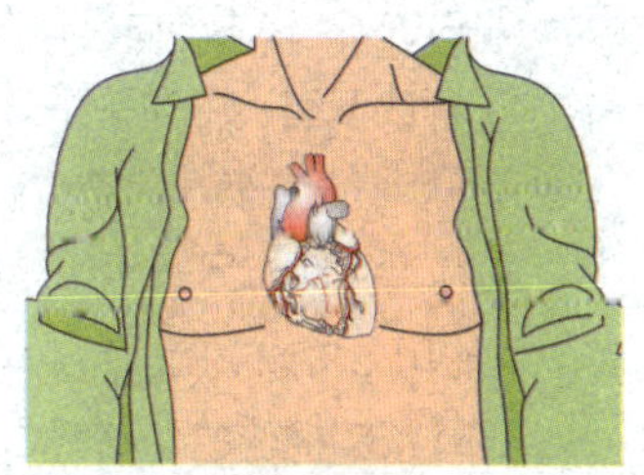

心脏位置

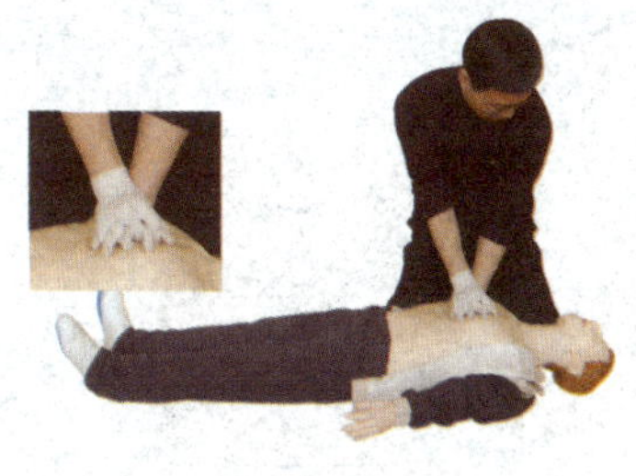

胸外心脏按压

按压部位： 胸骨下 1/2 处（两乳头连线的中点）。

按压方法： 施救者一手掌根部放在伤病员心肺复苏按压部位，另一只手掌根部覆盖在之前手上，双肘伸直，双肩在伤病员胸骨正上方，以髋关节为支点，利用上身重量和上臂的力量，垂直向脊柱方向按压，使胸廓下陷至少 5 厘米（成人），而后迅速放松，解除压力，让胸廓自行复位，使心脏舒张，如此有节奏地反复进行。

按压频率：按压频率成人至少为 100 次 / 分，但不要超过 120 次 / 分。按压与放松的时间大致相等，放松时掌根部不得离开按压部位，以防位置移动，但放松应充分，以利于血液回流。

注意

1. 按压部位要准确：部位太低，可能损伤腹部脏器或引起胃内容物反流；部位过高，可伤及大血管；若部位不在中线，则可能引起肋骨骨折等并发症。

2. 按压姿势要正确：注意肘关节伸直，双肩位于伤病员胸骨的正上方，垂直向下用力按压，以髋关节为支点，利用上身重量和上臂力量向下按压。以掌根部位接触伤病员胸骨，手指不应加压于伤病员胸部，放松时掌根不离开胸壁。

3. 按压力量要均匀适度：过轻达不到效果，过重易造成损伤。

4. 按压操作中断时间不能超过 10 秒。

5. 按压期间，密切观察病情，评估按压效果。

三、畅通气道（A）

伤病员心搏、呼吸停止后，全身肌张力下降，舌肌松弛后坠而阻塞气道。采用开放气道的方法，可使阻塞气道的舌根上提，使气道通畅。

1. 清除气道异物：将伤病员置于仰卧位，解开衣领及裤带。先将伤病员头偏向一侧，清除出口中污物、义齿等后再转为面朝上。

2. 开放气道：用仰头举颏法开放气道。施救者一手置于伤病员额部，手掌向后向下用力，使其头后仰；另一手手指放在下颌骨下方，同时用力将颏部向前向上举起。

疑有颈部损伤的伤病员，可用托颌法。施救者双手在伤病员头部两侧握住下颌角，双肘支撑在伤病员平躺的平面，用力向上托下颌，同时用拇指分开口唇。

提示

用仰头举颏法开放气道时应注意：不要压迫颏下软组织，以免造成气道阻塞；避免用拇指抬颏部；头部后仰的程度，成人为下颌角、耳垂的连线与地面垂直，即头后仰 90°，儿童为 60°，婴儿为 30°。

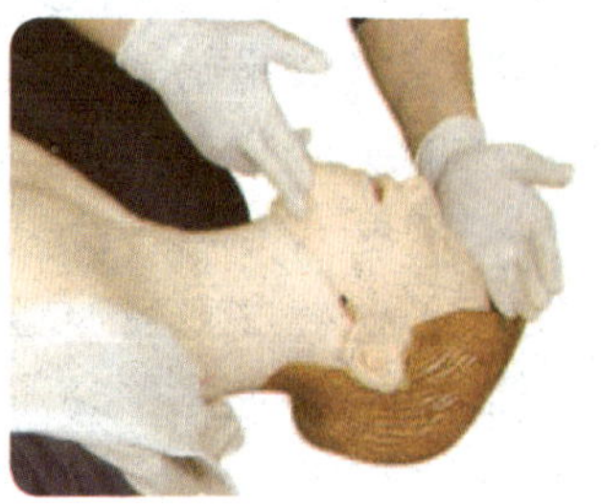

仰头举颏法

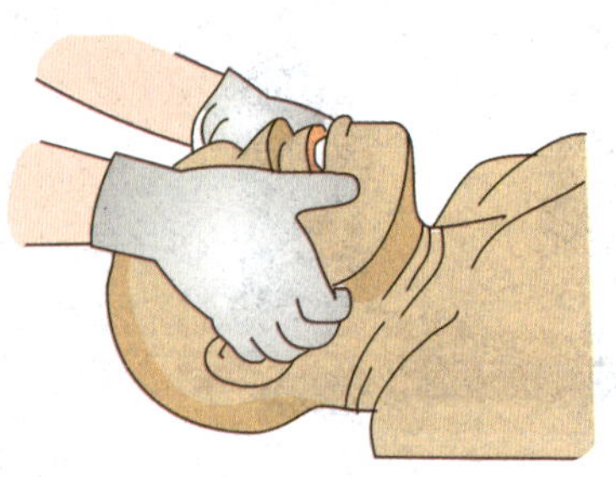

托颌法

四、人工呼吸（B）

人工呼吸是用人工方法（手法或机械）借外力来推动肺、胸肌或胸廓的活动，使气体被动进入或排出肺脏，以保证机体氧的供给和二氧化碳排出。最简单、常用和有效的人工呼吸方法是口对口人工呼吸。

提示

判断呼吸，正常人呼吸时胸部或腹部有起伏，如果发现伤病员胸部及腹部无起伏，听不到伤病员呼吸的声音或感觉不到呼出的气流，即可判断伤病员已经没有呼吸。

口对口人工呼吸：

1. 施救者用压伤病员前额的手的拇指和食指捏紧伤病员的鼻孔，防止吹气时气体从鼻孔逸出。然后平静地吸一口气，双唇包住伤病员口部，缓慢持续地将气吹入伤病员口中，使伤病员胸廓隆起。连续吹气 2 次，每次吹气时，伤病员胸廓应有明显起伏。

2. 按压吹气比例为 30 ：2，即按压 30 次后吹气 2 次。按压与吹气时注意伤病员反应。持续 5 个周期后评估伤病员情况，如无反应，仍按以上步骤重复操作直到专业急救人员到来。

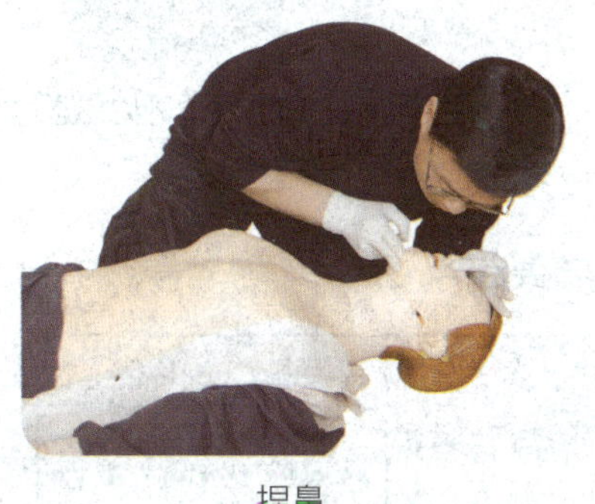

捏鼻

专家提示

人工呼吸的有效指征为：看到伤病员胸廓起伏，吹气时可感到气道阻力规律性升高，呼气时听到或感到有气体逸出。

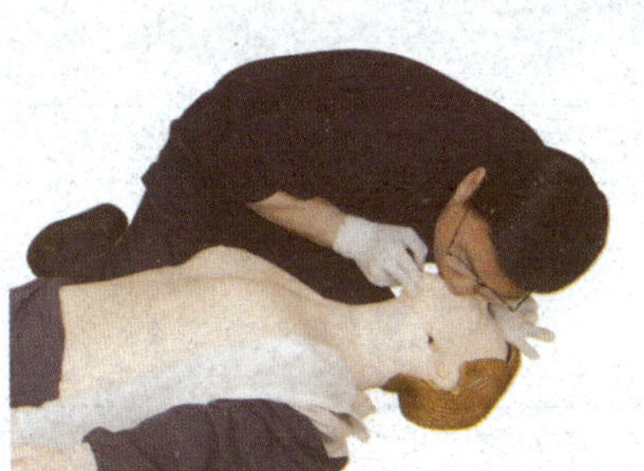

吹气

口对口人工呼吸

注意

1. 避免过度通气。

2. 避免急速吹入过大气量，吹气过猛、过大可使气体吹入胃内而发生胃胀气。

3. 吹气时，口对口接触应严密，不能漏气。

5 自动体外除颤器的使用

自动体外除颤器（AED）英文全称为 automated external defibrillator，是一种便携式、易于操作、专为现场除颤设计的急救设备。如果施救者目睹发生院外心脏骤停且现场有 AED，应尽快使用 AED。

提示

心脏骤停主要是因心室颤动引起，想要挽救生命，就要及时进行心脏除颤，除颤越早，救活的可能性就越大。

使用技巧

1. 确定伤病员具有“三无征”，即无意识、无脉搏、无呼吸。

2. 按照说明书提示将 AED 电极片贴到伤病员裸露的胸部进行除颤。贴好电极片后施救者注意保持不与伤病员身体接触。

3. 启动 AED 的心律分析键，经分析后确认需要除颤，AED 即发出充电信号，自动充电完毕后，按动除颤放电键，完成第一次除颤。

4. 完成第一次除颤后，应继续进行心肺复苏。

自动体外除颤器

附

成人、儿童、婴儿实施心肺复苏要点

项目		成人	儿童（1 ~ 8 岁）	婴儿（1 岁以内）
胸外按压	部位	胸部正中线与乳头连线水平（胸骨下 1/2 处）	胸部正中线与乳头连线水平（胸骨下 1/2 处）	胸部正中线与乳头连线下方水平
	方式	双手掌根重叠	单手掌根或双手掌根重叠	中指和无名指
	深度	5 ~ 6 厘米	胸廓前后径的 1/3	胸廓前后径的 1/3
	频率	100 次 / 分	100 次 / 分	100 次 / 分
开放气道头后仰角度		90°	60°	30°
人工呼吸	方式	口对口，口对鼻	口对口，口对鼻	口对口鼻
	吹气量	胸部隆起	胸部隆起	胸部隆起
按压与吹气比例		30 ：2	30 ：2	30 ：2

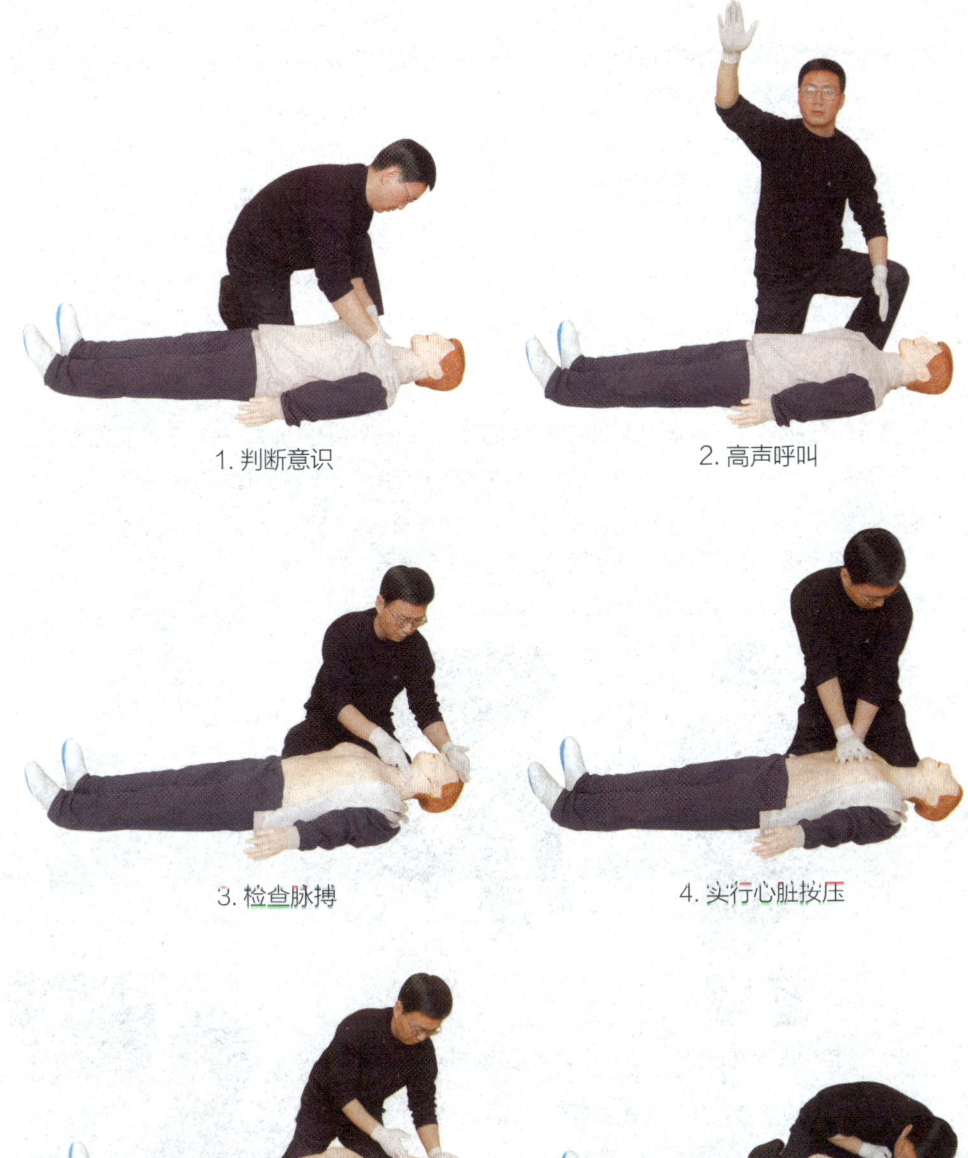

1. 判断意识

2. 高声呼叫

3. 检查脉搏

4. 实行心脏按压

5. 畅通气道

6. 人工呼吸

心肺复苏救护图解

注：非专业急救人员不需要进行检查脉搏操作。

6 气道阻塞急救法

气道阻塞急救常采用20世纪70年代中期兴起的“海氏急救法”，通过给伤病员膈肌以突然向上的压力，使两肺下部受压，驱使残留肺部的气流进入气管，逐出堵在气管的异物，使气道畅通。

提示

引起气道阻塞的原因有：饮食不慎，如在进食过程中说话、哭笑、剧烈活动等；大量饮酒，导致咽部肌肉麻痹，吞咽失灵；昏迷伤病员舌根后坠，致胃内容物反流至咽部。

应对技巧

1. 自救腹部冲击法：弯腰，头部前倾，低头张口，一手握空心拳，拳眼顶住腹部正中线脐上二横指处，另一手紧握住此拳，双手同时向内、向上冲击5次；重复操作若干次，直至异物排出。

还可以将上腹部压在任何坚硬物面上，如桌边、椅背、栏杆等处，连续向内、向上冲击5次；重复操作若干次，直至异物排出。

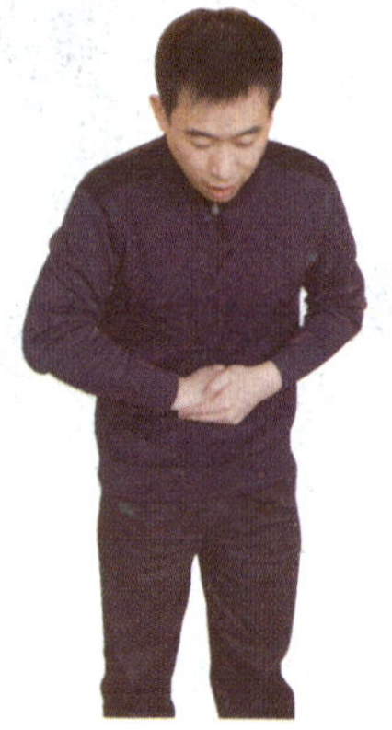

自救腹部冲击法

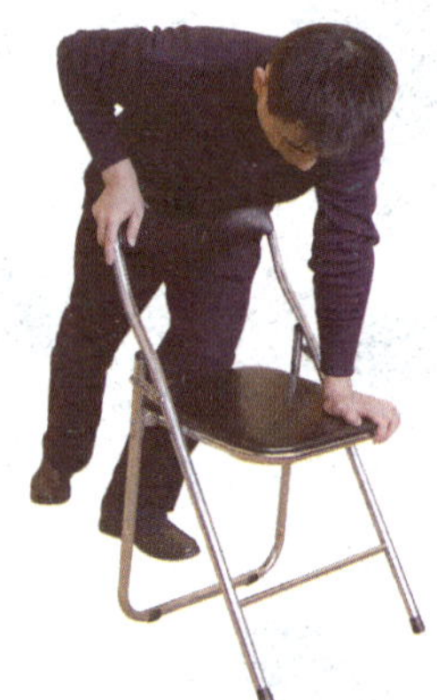

椅背腹部冲击法

2. 互救立位腹部冲击法：适用于意识清醒的异物阻塞气道的伤病员。

（1）首先询问伤病员：“是否有异物阻塞？”“是否需要帮助？”

（2）施救者站在伤病员的背后，令其弯腰，头部前倾。伤病员低头张口，以便异物排出。施救者以双臂环绕其腰，一手握空心拳，拳眼顶住其腹部正中线脐上二横指处；另一手紧握此拳快速有力向上、向内冲击5次。

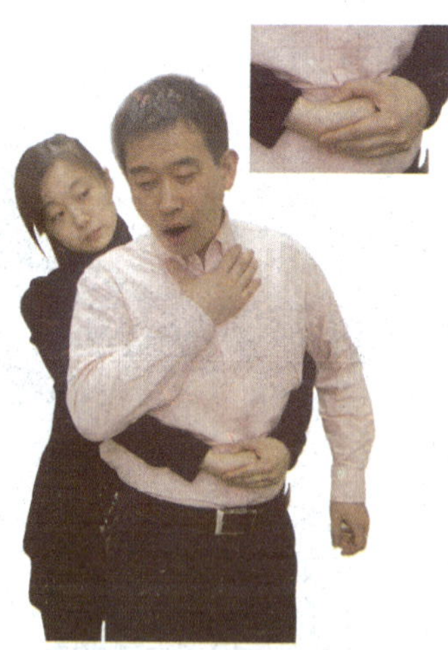

互救立位腹部冲击法

专家提示

1. 气道不完全阻塞时，可见伤病员剧烈咳嗽，张口吸气时听到异物冲击性的高啼声，面色青紫、发绀，伤病员常不自主地以一手的拇指和食指呈“V”字形紧贴于颈前喉部，痛苦面容，欲言但发不出声。

2. 气道完全阻塞时，伤病员不能说话，不能咳嗽，不能呼吸，面色灰暗、青紫，失去知觉，昏倒在地，严重者窒息、呼吸骤停。

3. 互救仰卧位胸部冲击法：对于意识不清醒的妊娠晚期或肥胖的伤病员，可采用仰卧位胸部冲击法。将伤病员置于仰卧位，头部偏向一侧。施救者骑跨在伤病员髋部两侧，一手掌根平放于胸骨下1/2处（两乳头连线的中点），另一只手直接放到第一只手的手背上，两手重叠。两手合力向内、向上冲击5　次；重复操作若干次，直至异物排出，取出异物。检查心搏和呼吸，对心搏呼吸骤停的伤病员，应立即进行心肺复苏。

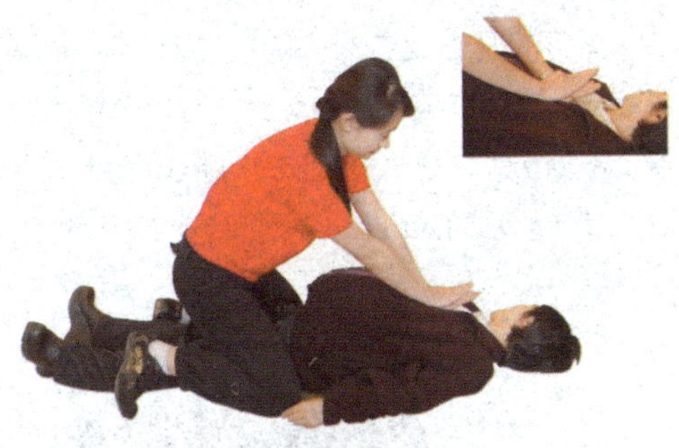

仰卧位胸部冲击法

4. 婴儿背部叩击法：将婴儿呈仰卧位骑跨在施救者的前臂上，使之头低脚高，一手掌将婴儿的后颈部固定，使婴儿头部轻度后仰，固定婴儿双侧下颌角，畅通气道。将婴儿翻转成俯卧位，使其头低于躯干，同时用手握住双下颌以托住头，并将前臂放到自己的大腿上。用另一只手的掌根叩击婴儿两肩胛骨之间5次。

5. 婴儿胸部冲击法：将婴儿呈俯卧位平躺在施救者的前臂上，使之头低脚高，一手掌将婴儿的前颈部固定，翻转成仰卧位，并将前臂放到自己的大腿上，头部向下，施救者用手支撑婴儿的头部及颈部，用另一只手的中指和食指，向下冲击婴儿的胸骨下部（与婴儿胸外心脏按压位置相同）5次。

如单一方法不能解除阻塞，则应背部叩击法与胸部冲击法交替进行。

婴儿背部叩击法

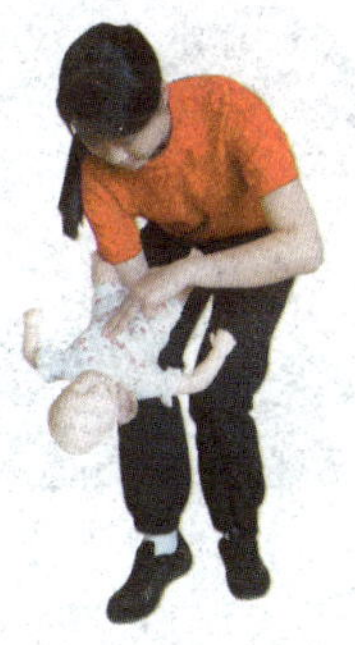

婴儿胸部冲击法

7 止血方法

人体血量大约占体重的 8%，如体重为 50 千克，则体内约有 4 000 毫升的血液。若急性出血时，血液流失超过全身血量的 1/4 ~ 1/3，就有生命危险。

提示 急性创伤性大量出血是伤后早期死亡的主要原因之一。因此，及时进行止血，对挽救伤病员的生命具有非常重要的意义。

应对技巧

1. 手指压迫止血法：指用手指、手掌或拳头压迫伤口近心端的动脉，将动脉压向深部的骨骼上，阻断血液流通，达到临时止血目的的方法。指压止血法适用于中等或较大的动脉出血，多用于头、颈部及四肢的动脉出血。

（1）头顶部出血：一侧头部出血，可用食指或拇指压迫同侧耳屏前部下颌关节处的颞浅动脉。

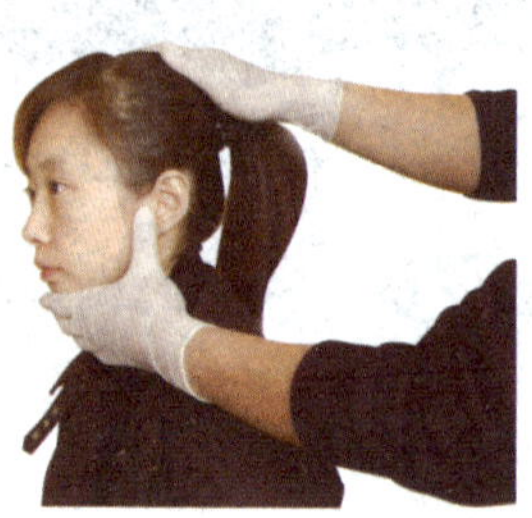

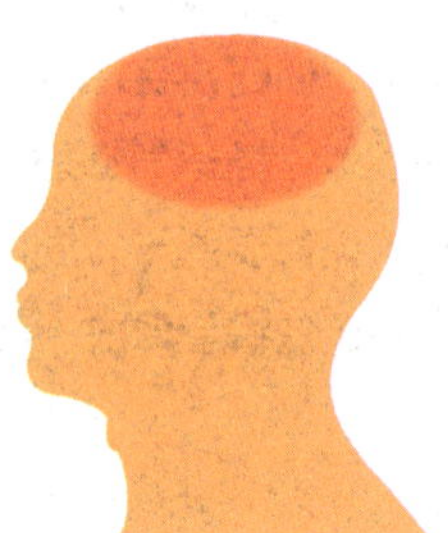

头顶部出血，压迫止血

（2）颜面部出血：一侧颜面部出血，可用食指或拇指压迫同侧下颌骨下缘、下颌角前方约 3 厘米凹陷处的面动脉。

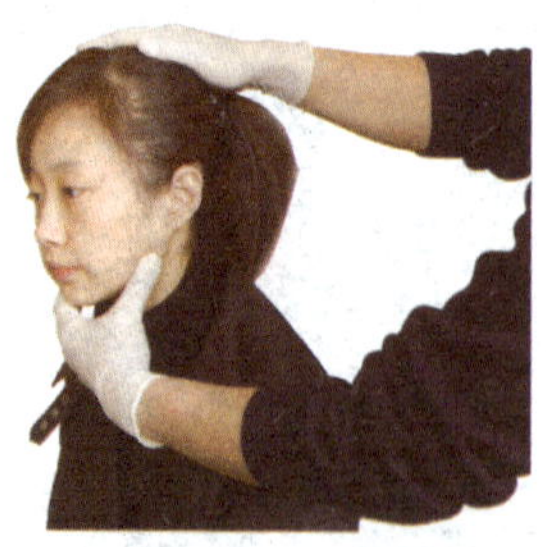

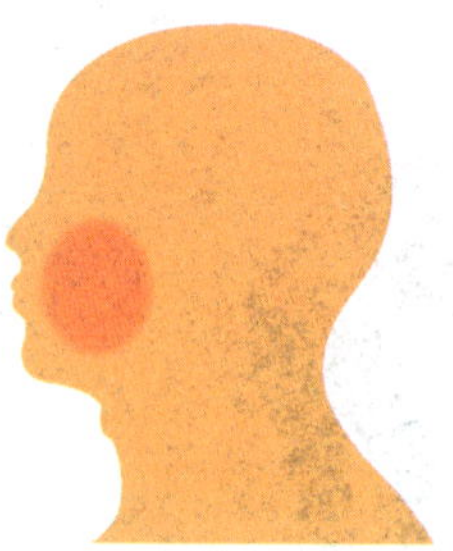

颜面部出血，压迫止血

（3）头颈部出血：用拇指或另外四指压迫同侧气管外侧与胸锁乳头肌前缘中点之间的颈动脉。严禁同时压迫两侧颈动脉。

（4）肩腋部出血：用拇指压迫同侧锁骨上窝中部的锁骨下动脉。

（5）前臂与上臂出血：用拇指或另外四指压迫上臂内侧肱二头肌与肱骨之间的肱动脉。

（6）手部出血：用两手拇指分别压迫手腕横纹稍上处内外侧尺、桡动脉。

专家提示

根据出血的血管种类，出血可分为动脉出血、静脉出血、毛细血管出血三种。动脉出血血色鲜红，出血呈喷射状，危险性大。静脉出血血色暗红，血流较缓慢，呈持续性。毛细血管出血血色鲜红，血从伤口渗出，常可自动凝固而止血，危险性较小。

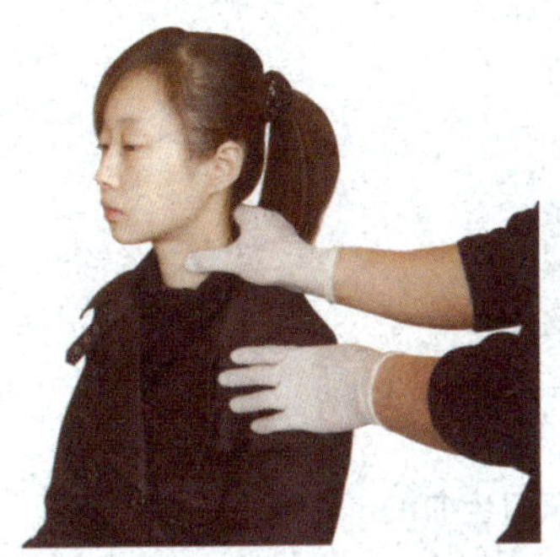
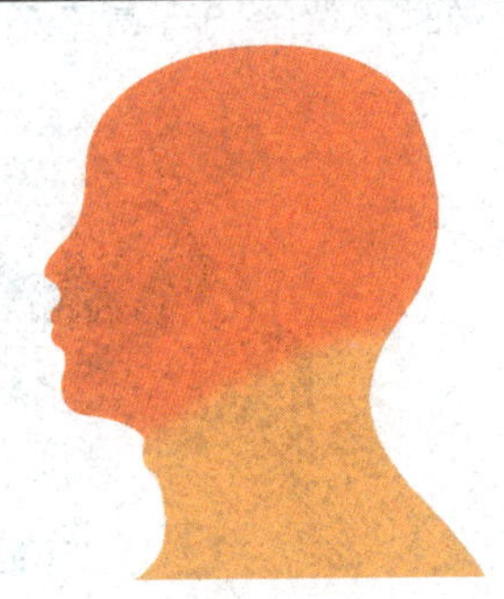

头颈部出血，压迫止血

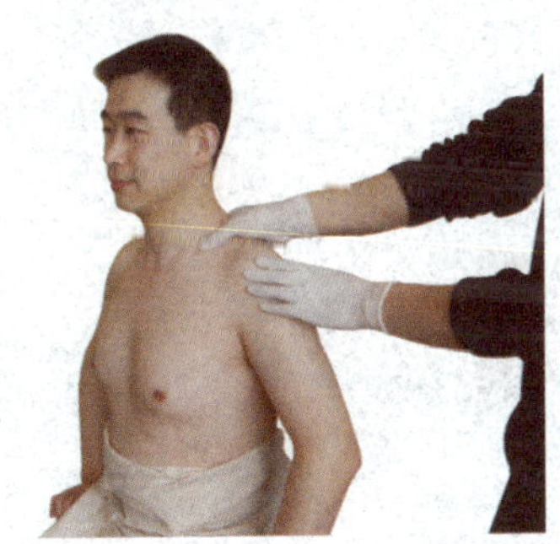

肩腋部出血，压迫止血

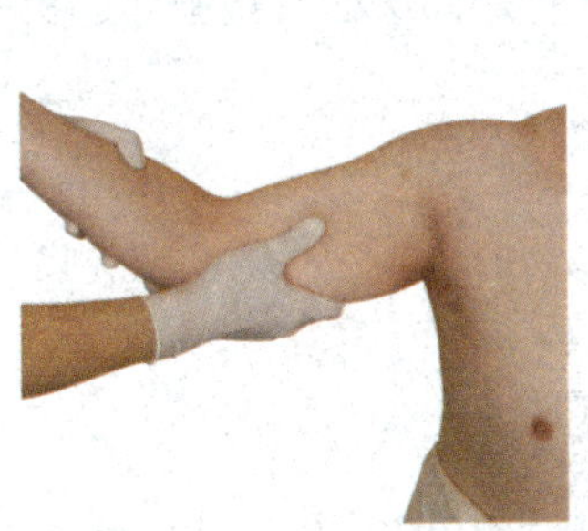

前臂与上臂出血，压迫止血

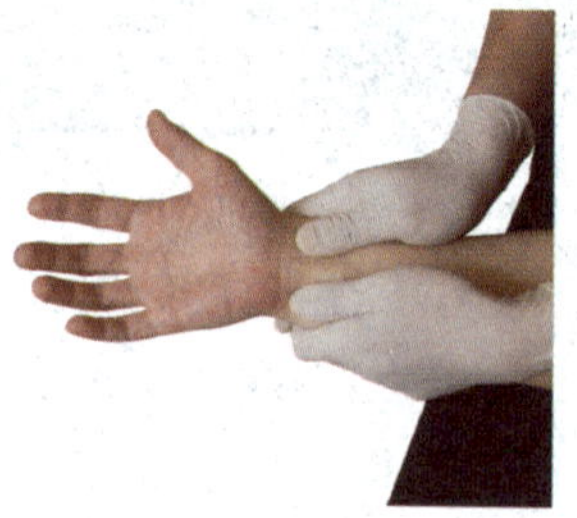

手部出血，压迫止血

（7）下肢出血：大腿及其以下部位出血，可用双手拇指压迫大腿根部腹股沟中点稍下方的股动脉。互救时，可用一手手掌压迫，另一手手掌压在其上。

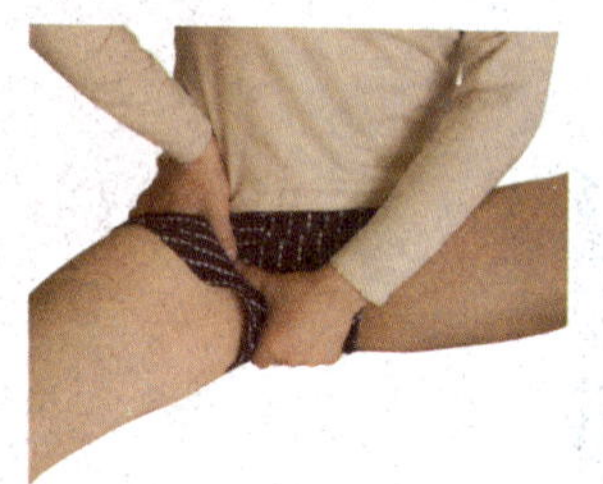

下肢出血，压迫止血

（8）小腿出血：小腿及其以下部位出血，自救时先在腘窝处摸到腘动脉的搏动，然后用大拇指向腘窝深部压迫。

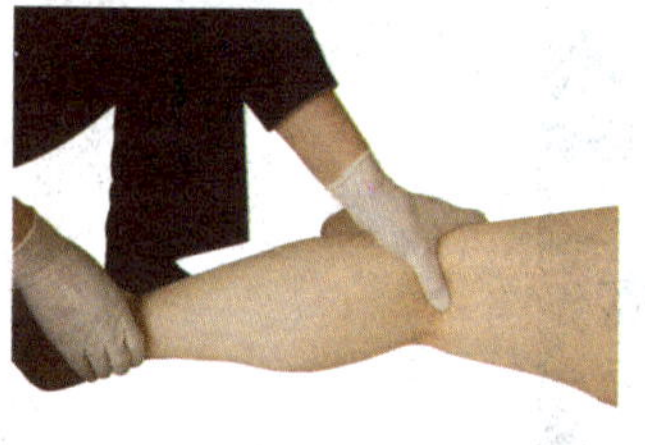

小腿出血，压迫止血

（9）足部出血：用两手食指或拇指压迫足背中部近脚踝处足背动脉和足跟内侧与内踝之间的胫后动脉。

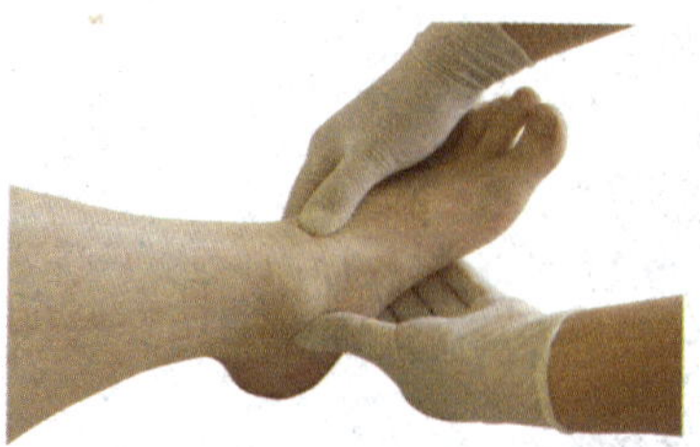

足部出血，压迫止血

2. 加压包扎止血法：先将无菌敷料覆盖在伤口上，再用绷带或三角巾以适当压力包扎，其松紧度以能达到止血目的为宜。必要时可将手掌放在敷料上均匀加压。加压包扎止血法适用于小动脉，中、小静脉或毛细血管出血。

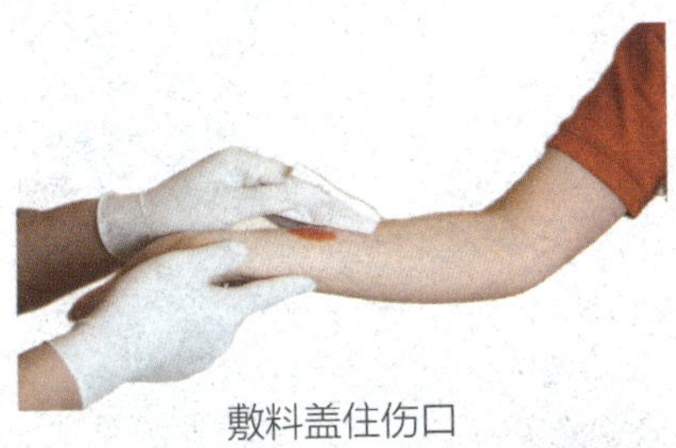

敷料盖住伤口

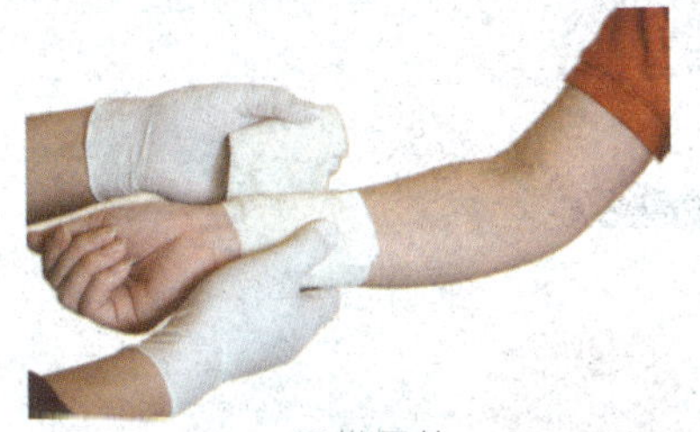

绷带包扎

加压包扎止血

专家提示

因为止血带的潜在不良反应及很难正确使用，所以，只有在直接压迫无效或无法直接压迫并掌握止血带的正确使用方法时才使用止血带止血。使用止血带的注意事项如下：

1. 上止血带部位要准确，应扎在伤口的近心端，并应尽量靠近伤口。前臂和小腿不适用扎止血带，因前臂和小腿分别由尺骨、桡骨和胫骨、腓骨组成，动脉常走行于其两骨之间，所以止血效果差。上臂扎止血带时，应扎在上臂的上 1/3 处，不可扎在下 1/3 处，以防损伤桡神经。下肢扎在大腿的中上部。

2. 使用止血带压力要适当，以刚达到远端动脉搏动消失，能止血为度。

3. 止血带下加衬垫，切忌用绳索或铁丝直接加压。

4. 应有明显标记，记录使用止血带时间并迅速转送伤病员。

5. 每隔 45 ~ 50 分钟要松开止血带 3 ~ 5 分钟，以防止机体坏死。

3. 屈肢加垫止血法：肘、膝关节远端肢体受伤出血时，先确定局部有无骨关节损伤，再根据情况选用止血法。在肘、膝关节处垫以棉垫卷或绷带卷，再将肘关节或膝关节屈曲，借衬垫物压住动脉，并用绷带或三角巾将肢体固定于屈曲位。此方法虽然能止血，但可能压迫血管、神经等组织，如伤肢合并有骨关节损伤时则可能加重损伤，且不便于伤病员搬运，故尽量不用。屈肢加垫止血时，应注意肢体远端血液循环，每隔 40 ~ 50 分钟，缓慢松开 3 ~ 5 分钟，以防止机体坏死。

4. 填塞止血法：用无菌敷料填入伤口内，外加大块敷料加压包扎。一般只用于大腿根、腋窝、肩部等难以用一般加压包扎止血的较大出血情况。

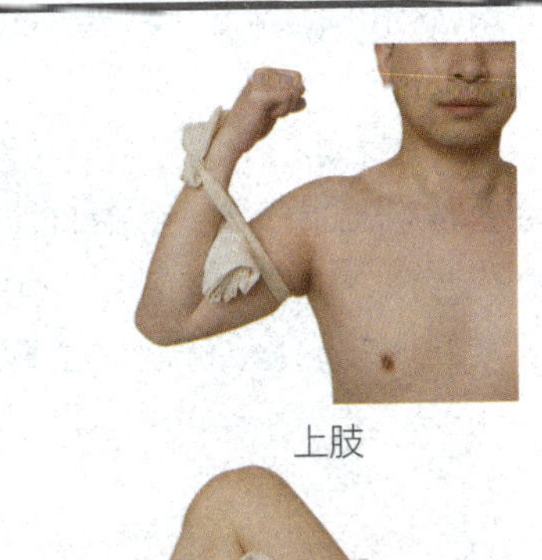

上肢

下肢

屈肢加垫止血

8 伤口包扎

包扎是现场对开放性伤口的临时处置，用于防止伤口出血、保护伤口免受再次污染、固定敷料和夹板的位置等治疗性措施。

提示

包扎伤口时，动作要迅速、敏捷、谨慎，不要碰撞和污染伤口，以免引起疼痛、出血或污染。

一、绷带包扎法

绷带包扎是最常用的急救技术。

1. 环形包扎法：适用于绷带包扎开始与结束时，包扎颈、腕、胸、腹等粗细相对均匀部位的小伤口，是绷带包扎中最基本、最常用的方法。将绷带做环形的重叠缠绕，下周将上周绷带完全遮盖，最后用胶布将带尾固定或将带尾中间剪开分成两头，打结固定。

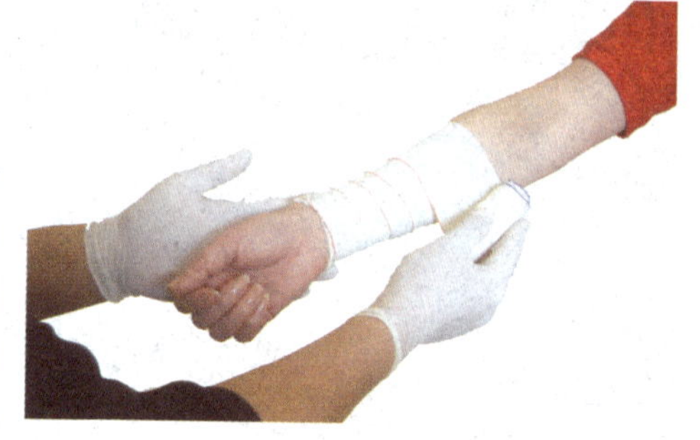

螺旋包扎法

2. 螺旋包扎法：适用于包扎直径基本相同的部位，如上臂、手指、躯干、大腿等。先环形缠绕数周，然后稍微倾斜螺旋向上缠绕，每周遮盖上一周的 1/3 ~ 1/2 。

3. “8” 字形包扎法：适用于直径不一致的部位或屈曲的关节如肩、腕、膝等部位，应用范围较广。在伤处上下，将绷带由下而上，再由上而下，重复做“8”字形旋转缠绕，每周遮盖上周的 1/3 ~ 1/2。

小贴士

常用的绷带有纱布绷带和棉布绷带，一般长度为 500 厘米，宽度有 5 厘米、7 厘米、10 厘米等。根据包扎部位不同，可以选用不同规格的绷带。

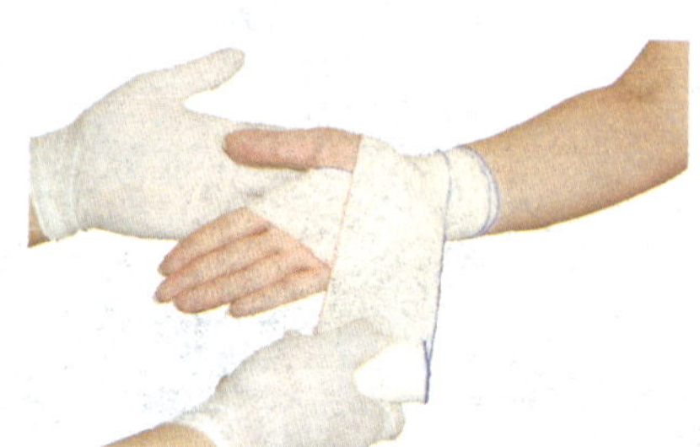

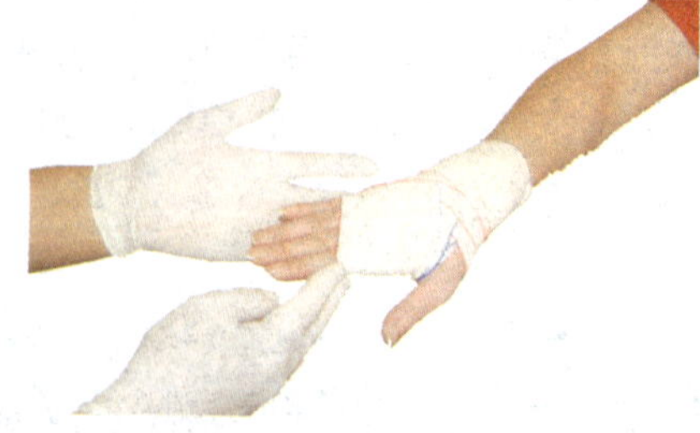

“8”字形包扎法

4. 回返包扎法：适用于头部或断肢（截肢）残端的包扎。以头部为例：先围绕头部做 1.5 周环形包扎，位置尽量靠下（前面在眉上，后面在枕骨下），然后自中间开始，交替向左右移行，每次重叠应大于 1/2 以防止滑脱，最后以环形包扎法固定。

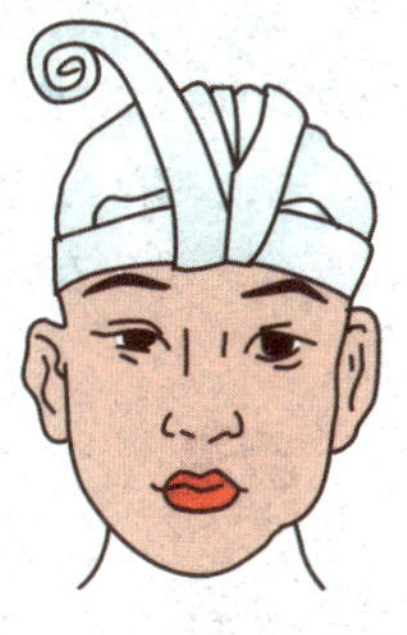
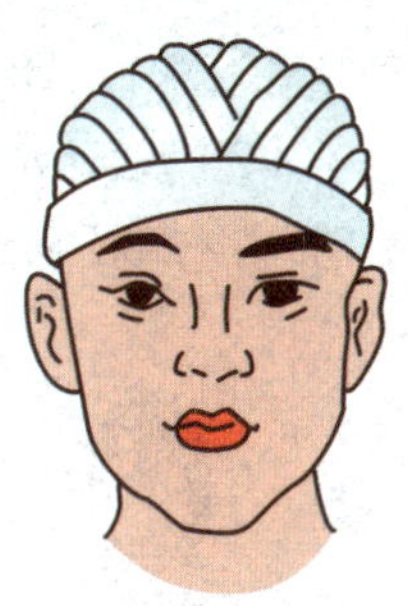

回返包扎法

二、三角巾包扎法

三角巾制作简单，应用方便，用法容易掌握，包扎部位广，还可折成条带、燕尾巾或连成双燕尾巾使用。

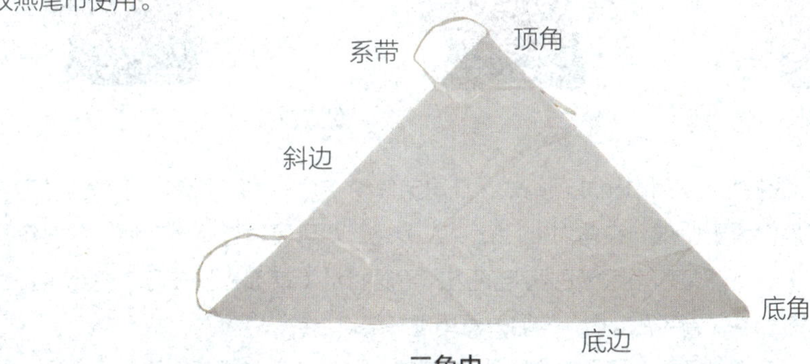

三角巾

1. 头面部包扎：

（1）头顶帽式包扎法：将三角巾的底边向上反折约 3 厘米，其正中部放于伤病员的前额，与眉平齐，顶角拉向头后，三角巾的两底角经两耳上方，拉向枕后交叉，并压住顶角，再绕回前额齐眉打结。一手按住头顶，另一手将顶角拉紧，并将顶角折叠后掖入头后部交叉处。

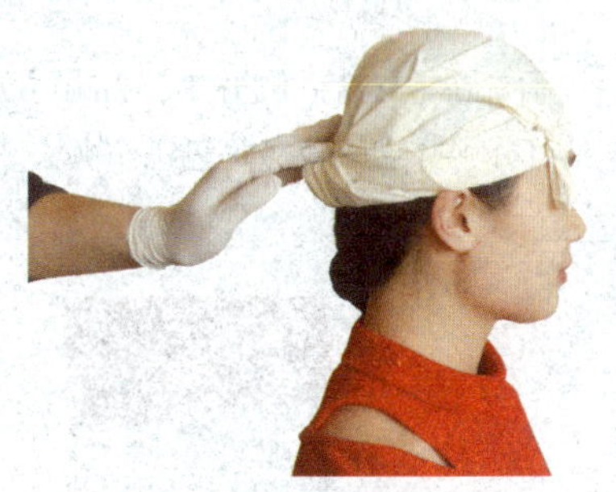

头顶帽式包扎法

（2）风帽式包扎法：将三角巾顶角和底边中央各打一结，即成风帽状，将顶角结放于额前，底边结放在后脑勺下方，包住头部，两角往面部拉紧，向外反折包绕下颌，然后拉到枕后打结即成。

> **提示** 将三角巾的两底角对折重叠，然后将两底角错开并形成夹角，即成为燕尾式，简称燕尾巾。

2. 肩部包扎：

（1）单肩包扎：三角巾折叠成燕尾式，燕尾巾夹角约 90°。大片在后压住小片放到伤侧肩上，燕尾巾夹角对准伤侧颈部，燕尾底边两角绕上臂上部打结，拉紧两燕尾角绕胸、背部于对侧腋窝前（或腋窝后）打结。

（2）双肩包扎：三角巾叠成燕尾式，夹角朝上对准颈部，燕尾披在双肩上，两燕尾角分别经左右肩拉到腋下和同侧的顶角、底边中点，在腋下打结。

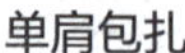
单肩包扎

双肩包扎

3. 胸（背）部包扎：三角巾叠成燕尾式，燕尾夹角约 100°，置于胸前，夹角对准胸骨上凹（背部包扎三角巾置于背部，夹角对准后正中线）处，两燕尾角过肩于背后（背部包扎燕尾角过肩于胸前），将燕尾顶角系带围胸与底边在背后打结（背部包扎在胸前打结），然后将底角系带拉紧绕上述打结带后上提，与另一燕尾角打结。

4. 腹部包扎：三角巾顶角朝下，底边平放在腹部，拉紧底角在腰部打结，顶角经会阴部拉至腰部与两底角连接处打结。

5. 单侧臀部包扎：三角巾叠成燕尾式，燕尾式夹角约 60° 朝下对准外侧裤线。伤侧臀部的后大片压住前面的小片，顶角与底边中央分别过腹腰部到对侧打结，两底角包绕伤侧大腿根打结。

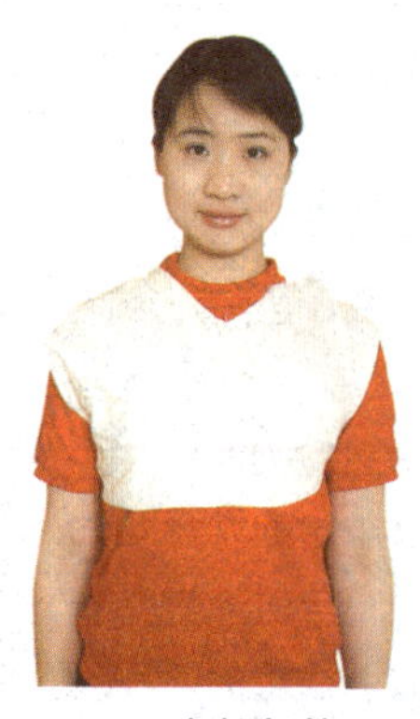
胸部包扎

腹部包扎

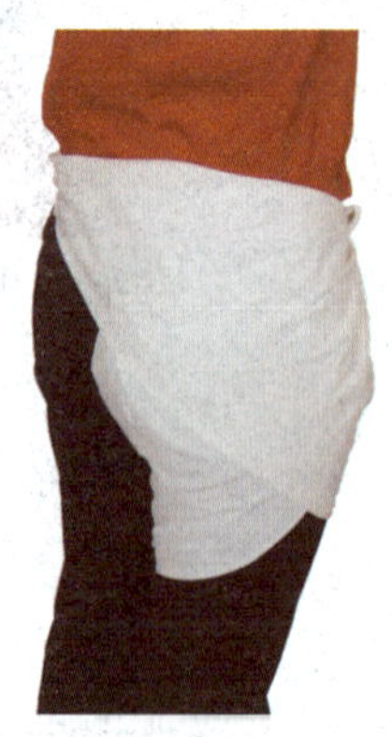
单侧臀部包扎

6. 手（足）部包扎：三角巾展开，受伤手掌（足）平放在三角巾中央，手指（足趾）尖对向顶角，指缝（趾缝）夹入敷料，将顶角折回，盖于手（足）背，两底角左右交叉压住顶角，绕腕（踝）部一周打结。

7. 膝部带式包扎：将三角巾叠成适当宽度的带状，把带的中段斜放于伤部，取带两端分别压住上下两边，向后缠绕肢体一周打结，呈“8”字形包扎。

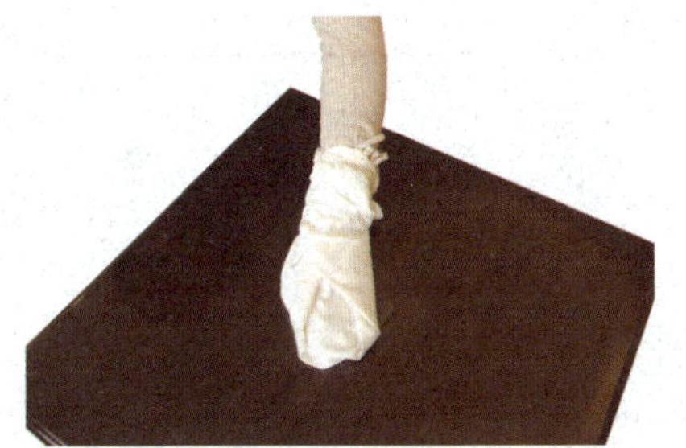

手部包扎

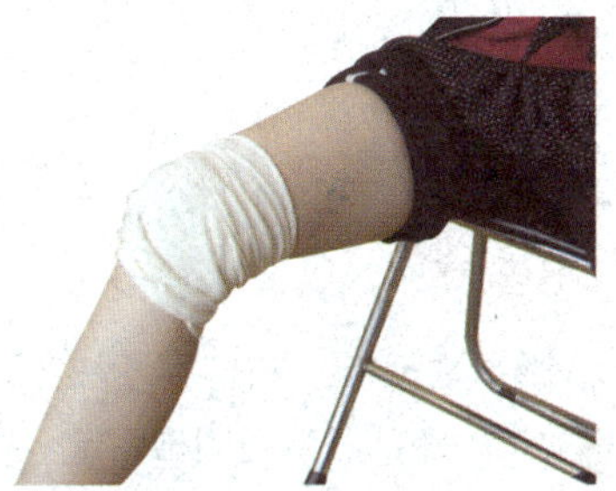

膝部带式包扎

1. 包扎伤口时，先盖上无菌敷料，然后再用绷带等。

2. 包扎时松紧要适宜，过紧会影响局部血液循环，过松易致敷料脱落或移动。

3. 包扎时要使伤病员保持舒适体位。皮肤皱褶处如腋下、乳下、腹股沟等，应用棉垫或纱布衬隔，骨隆突处也用棉垫保护。需要抬高肢体时，应给适当的托扶物。包扎的肢体必须保持功能位置。

4. 根据包扎部位，选用宽度适宜的绷带和大小合适的三角巾等。

5. 包扎方向为从远心端向近心端包扎，以助静脉血液的回流。固定时忌在伤口上、骨隆突处或易于受压的部位打结。

6. 手指、足趾未损伤者，包扎时要暴露肢体末端，以便观察末梢血液循环。

9 骨折固定

固定是对骨折和怀疑骨折的伤病员所采用的局部或全身的制动措施，是与止血、包扎同样重要的基本的急救技术。固定的目的是减轻疼痛，防止再损伤，便于安全转运伤病员。

提示

如果受到外伤后，局部有疼痛、压痛、肿胀、瘀斑及功能障碍，甚至出现肢体畸形及异常活动，多提示可能发生了骨折。

应对技巧

1. 上臂骨折固定：将伤病员患肢屈肘 90° ，用两块夹板固定伤处，一块放在上臂内侧，另一块放在外侧，然后用绷带固定。如果只有一块夹板，则将夹板放在外侧固定。固定好后，用绷带或三角巾悬吊伤肢。

2. 前臂骨折固定：用两块夹板（紧急情况下可就地取材，用木板、木棒、竹板、杂志等替代）分别放在背侧和掌侧，若只有一块就放于背侧，加垫子，用手帕、布条或三角巾叠成带状，先固定骨折上端（近心端），再固定骨折下端（远心端）。注意不要将结系在骨折处。最后用三角巾或腰带、衣服等将前臂悬吊于胸前。

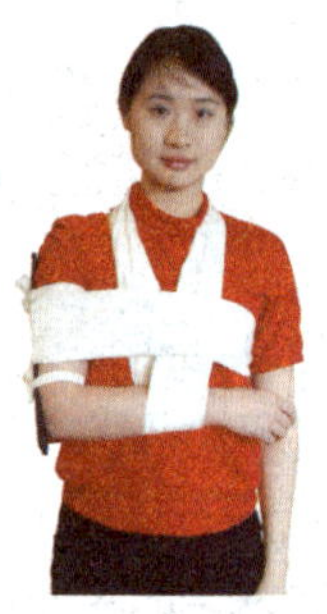

上臂骨折固定

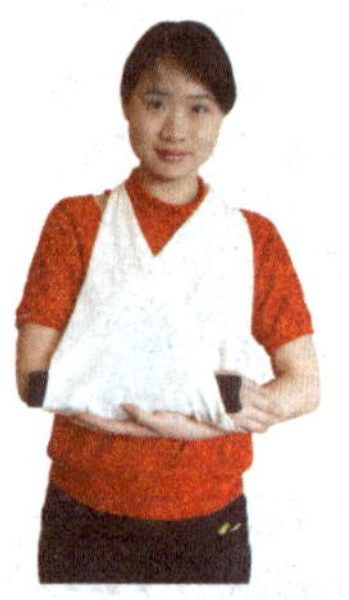

大悬带悬吊

衣服固定

前臂骨折固定

3. 大腿骨折固定：脱下患肢鞋袜，取一长夹板放在患肢的外侧，长度为从足跟至腋窝部；另用一夹板置于患肢内侧，长度为从足跟至大腿根部。腋下、膝关节、踝关节、骨突部加棉垫保护，空隙处用柔软物品填实。然后用 7 条绷带或三角巾分别在骨折上端、骨折下端、腋下、腰部、髋部、小腿及踝部将夹板固定。无长夹板时可用健肢固定。

专家提示

健肢固定方法：

1. 用绷带或三角巾等物品 5 条，将双下肢固定在一起。
2. 两膝、两踝及两腿间加棉垫保护。
3. “8” 字形固定足踝。
4. 趾端露出，以便检查末梢循环。

4. 小腿骨折固定：取两块木板，分别放在伤腿的内、外侧，然后用 4 条绷带或三角巾分别在骨折上端、骨折下端、大腿及踝部将夹板固定。紧急情况下无夹板时，可将伤病员两下肢并紧，两脚对齐，然后将健侧肢体与伤肢固定在一起，用 4 条绷带或三角巾分别在骨折上端、骨折下端、大腿及踝部绑扎。注意，在关节和两小腿之间的空隙处垫以纱布或其他柔软物。

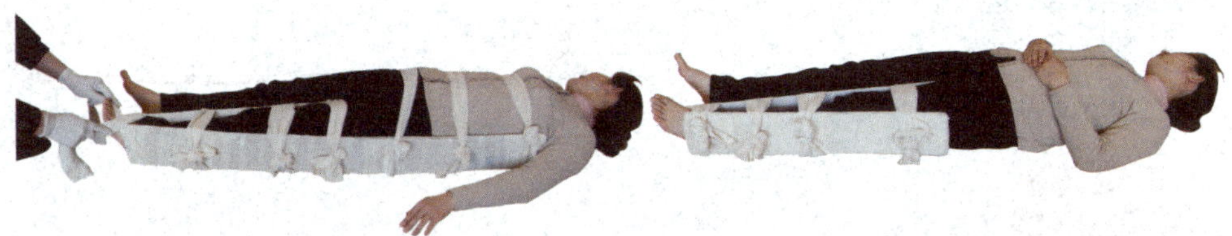

大腿骨折固定　　小腿骨折固定

5. 骨盆骨折固定：伤病员呈仰卧位，双下肢屈曲，双膝下放置软垫。用三角巾或宽布带围住伤病员臀部及髋部，适当加压，包扎固定。两膝之间加垫子，用宽布条捆扎固定。尽量不要移动伤病员，直到专业急救人员到来。

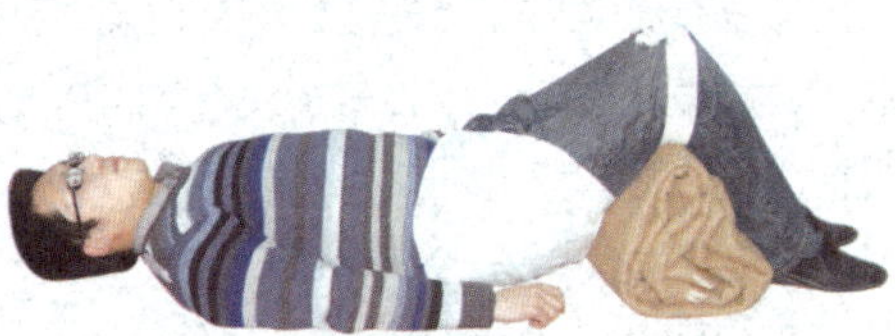

骨盆骨折固定

6. 脊柱骨折固定：尽量不要移动伤病员。施救者可用双手保持伤病员头和颈部不动，用衣物、毛毯等柔软物品固定伤病员躯体，等待救护车到来。如果所处环境存在危险，应在专业急救人员的指挥下，保持伤病员头、颈、躯干在一条线上，几个人一起将伤病员放在平板上，充分固定后再转运到安全环境。

提示

脊柱发生损伤时会失去对脊髓的保护作用，此时，如果搬运方法不当，就会损伤脊髓神经，造成严重后果。

进一步建议

1. 施救者应先对现场的安全进行评估，若现场不安全，应将伤病员搬运到安全区域再固定。

2. 在处理开放性骨折时，不可把外露的骨端送回，以免造成感染。

3. 夹板的长度与宽度要与骨折的肢体相适应，其长度必须超过骨折的上、下两个关节。

4. 夹板不可与皮肤直接接触，其间应垫棉花或其他物品，尤其在夹板两端、骨突出部位和悬空部位应加厚衬垫，防止受压或固定不牢。

5. 固定应松紧适度。肢体骨折固定时，一定要将指（趾）端露出，以便随时观察末梢血液循环情况。

6. 固定时要避免不必要的搬动，不可强制伤病员进行各种活动。

10 伤病员搬运

搬运主要是指将伤病员迅速、安全地脱离事故现场和转移到运输工具上所采用的方法和技术。现场搬运应根据伤病员不同的伤情，灵活选择搬运工具和搬运方法。

提示

搬运不当会加重伤病员病情，造成严重后果。因此，搬运伤病员要掌握的原则是不能对其造成新的伤害或加重伤（病）情。

应对技巧

1. 徒手搬运法：当现场找不到担架，而转运路程较近、病情又轻时，或是现场情况危急、次生灾害发生概率较高，急需快速脱离现场时，可以采用徒手搬运法。此法对伤病员、搬运者都比较劳累，故病情重的伤病员，不宜采用此法搬运。徒手搬运法有下列几种：

（1）单人搬运：

1）拖行法：指用毛毯、衣服、腋下拖拉伤病员的搬运方法。

毛毯拖行　　衣服拖行　　腋下拖行

拖行法

2）扶持法：对病情较轻，能够站立行走的伤病员可采取此法。施救者站在伤病员一侧，伤病员一侧上肢环绕施救者颈部，施救者一只手扶住伤病员手臂，另一只手扶持伤病员的腰部，使其身体略靠着施救者前行。

3）背负法：施救者站在伤病员前面，呈同一方向，微弯背部，将伤病员背起，但对胸部创伤者不宜采用。

4）爬行搬运：将伤病员的双手交叉用布料捆绑于胸前，施救者骑跨于伤病员躯干两侧，将伤病员捆绑的双手套于施救者的颈部，使伤病员的头、颈、肩部离开地面，施救者爬行前进搬运伤病员。

爬行搬运

（2）多人搬运：多用于脊柱骨折（或脊柱脱位）伤病员的短距离搬运。一人双手抱伤病员头两侧轴向牵引颈部，有条件时戴上颈托；另外几人在伤病员的同一侧，双手分别从伤病员的肩背部、腰臀部、膝踝部伸到伤病员的对侧，几人同时用力，将脊柱保持呈中立位（一条直线上），平稳地将伤病员抬起，齐步一致前进。搬运过程中，动作要轻巧、敏捷、协调一致，避免震动，减少伤病员痛苦。需要长距离搬运脊柱骨折（或脊柱脱位）伤病员时，应按上述操作方法将伤病员搬起，然后放到硬板担架上搬运。

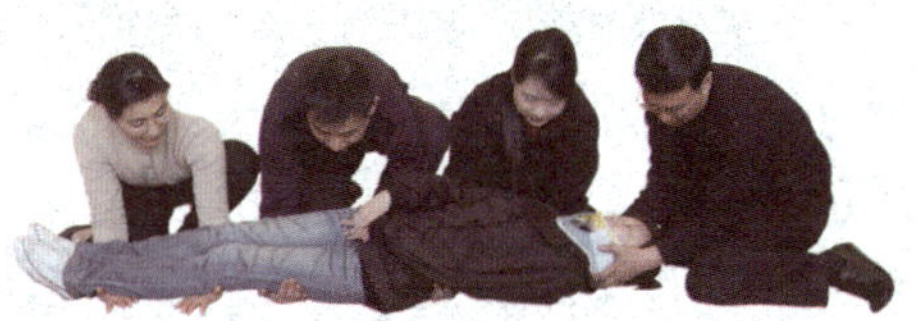
脊柱受伤搬运

2. 担架搬运法：对于搬运路途较长，病情较重的伤病员最为合适。除了规范的板式担架、铲式担架、四轮担架外，可根据现场情况制作其他材质的担架。

（1）帆布担架：帆布担架构造简单，由帆布一幅、木棒两根、横铁或横木两根、负带两根、扣带两根组成。

（2）绳索担架：临时制成，用木棒（或竹竿）两根、横木两根捆成长方形的担架状，然后绕以坚实的绳索即成。

提示

担架搬运的要领：由 3 ~ 4 人结成一组，将伤病员移上担架；伤病员头部向后，足部向前，这样后面抬担架的人，可以随时观察伤病员的变化；抬担架人步调要一致，平稳前进；向高处抬时（如过台阶、过桥、上桥），前面的人要放低，后面的人要抬高，以使伤病员保持水平状态；下台阶时，则相反。

进一步建议

需要远距离搬运伤病员时，护送者无论是伤病员家属，还是专业急救人员，都应注意以下几点：

1. 如现场条件允许，应先对伤病员做初步处理。

2. 搬运特殊部位损伤病员时，要注意伤病员的体位和搬运的方法。

3. 严密观察病情，注意伤病员意识、呼吸、脉搏、瞳孔、肤色及主要伤情的变化。

4. 处理危及生命的情况。在运送过程中，当出现危及伤病员生命的情况时，应立即抢救。例如，运送途中伤病员出现呼吸、心搏骤停，应立即进行心肺复苏。

5. 运送途中，如发现伤病员肢体包扎过紧，造成其肢体缺血，手指（足趾）发凉、变紫，应立即调整包扎的松紧。远距离搬运使用止血带的伤病员时，止血带要定时放松。

6. 转运伤病员，运送途中治疗、监护不要中断。

11 几种特殊创伤的现场处理

1. 肢体离断伤：先止血，再行包扎。离断的肢体用洁净的毛巾、布料包扎好，装入塑料袋内，再放到另一个装有冰块或冰糕的塑料袋内，或装入盛有冰块的大口保温桶内。

提示

切记不能将断肢直接放入水、冰和乙醇中，以免影响断肢（指）再植的成活率。离断的肢体一定要伴随伤病员一同转运。

2. 伤口异物：若异物（尖刀、钢筋、木棍等）扎入身体内部较深，不要拔出，因为拔出刺入较深的异物可能引起大出血、神经损伤或内脏损伤。在现场应保持异物在原位不动，给予包扎。将敷料剪一个洞，套过异物，置于伤口上，用绷带卷（或敷料卷）放到异物两侧，将异物固定，以防搬运时异物刺入身体更深，然后用绷带或三角巾包扎。

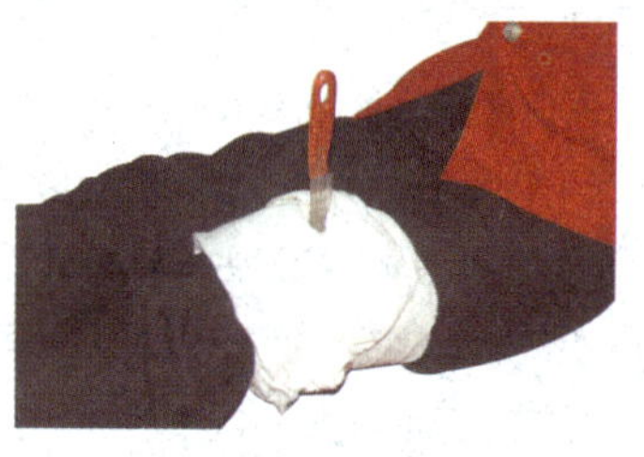
扎入异物的伤口的包扎

3. 开放性气胸：是危及伤病员生命的严重创伤，空气由伤口出入，压迫伤侧肺脏，引起极度呼吸困难，纵隔随呼吸左右摆动，伤病员出现休克。应立即用塑料袋和厚敷料块盖住伤口，使开放性气胸变成闭合性气胸，再用三角巾侧胸加压包扎，或用宽布带绕胸加压包扎。

4. 腹部内脏脱出：现场急救时，应立即用保鲜膜或大块敷料覆盖在脱出物上，用三角巾做成环形圈套在脱出物四周，然后用饭碗或茶缸将脱出物和环形圈一并扣住，最后用三角巾包扎腹部。不要将腹部内脏脱出物送回腹腔内，以免引起腹腔感染。搬运时用硬板担架，伤病员呈仰卧位，双下肢屈曲，用布条固定双膝关节。

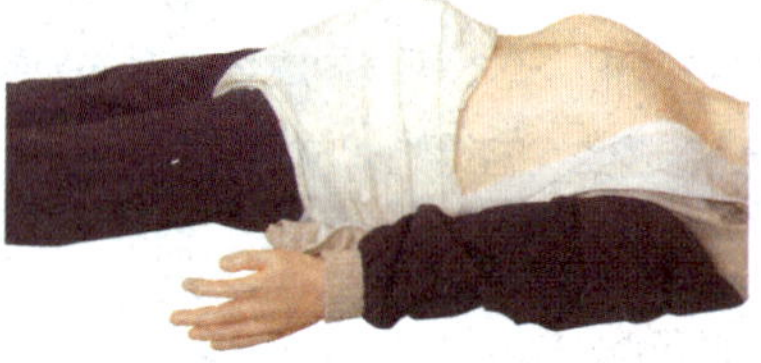
腹部内脏脱出的伤口的包扎

第二部分 意外伤害

在日常工作、生活中，有时候会突然发生意外，甚至会有生命危险。对于这些意外伤害，如果人们缺乏自救、互救意识和基本技能，恐怕就只能等待医院急救人员的到来，丧失事故发生后几分钟、十几分钟的“救命黄金时间”，造成无法挽回的损失。掌握一些基本的个人急救和互救的技能与办法，很有必要。

1 道路交通事故的处理

道路交通事故是指车辆在道路上因过错或者意外造成的人身伤亡或者财产损失的事件。一旦出现事故，相关人员应在情绪上保持冷静，在行动上根据现场情况及时处理。

提示

开车出行时要系好安全带，并严格遵守交通法规，不疲劳驾驶，不超速行驶，饮酒后不开车，在开车时不使用手机，礼让其他车辆、非机动车和行人。

应对技巧

1. 处理程序：排除险情—紧急呼救—保护现场—转运患者。

2. 紧急呼救，可拨打“120”医疗急救电话（一些地区为“999”）及“110”“122”，启动急救医疗服务体系。

3. 切勿立即移动伤者，除非处境会危害其生命（如汽车着火，有爆炸可能）。

4. 将失事车辆引擎关闭，拉紧手刹或用石头固定车轮，防止汽车滑动。

5. 事故发生后应保护现场，以便给事故责任划分提供可靠证据，并采用最快的方式向交通管理执法部门报告。在来车方向设置警示标志物以扩大示警距离，夜间还须同时开启示宽灯和尾灯。

发现有交通肇事车辆逃逸时，应迅速记下其车牌号，如果来不及记下车牌号，应尽量记住肇事车辆的颜色、车型、行驶方向、人员、装载情况等车辆特征，并及时向有关部门报案。

6. 呼救的同时，现场人员应首先查看患者的病情，根据伤情选择合适的方法将患者从车内救出。例如，对脊柱损伤患者不能拖、拽、抱，应使用颈托固定其颈部或使用脊柱固定板，避免脊髓受损或损伤加重导致截瘫。

7. 实行先救命、后治伤的原则，心搏、呼吸停止时，立即进行心肺复苏。

8. 对意识清晰的患者，可询问其伤在何处（疼痛、出血、活动受限等），立刻检查患处，进行对症处理。疑有骨折时，如必须搬运，应先进行固定，然后再进行搬运。

2 烧烫伤的处理

烧烫伤是生活中常见的意外，由火焰、沸水、热油、电流、热蒸汽、辐射、化学物质（强酸、强碱）等引起。

提示 烧烫伤可造成局部组织损伤，轻者皮肤受损，出现肿胀、水疱、疼痛；重者皮肤烧焦，甚至血管、神经、肌腱等同时受损。烧伤引起的剧痛和渗出等会导致休克，晚期可出现感染、败血症等并发症而危及生命。

应对技巧

发生烧烫伤应立即按以下步骤进行处理。

1. 冷清水长时间冲洗伤处，降低表面温度。烧伤面积大时，应紧急呼救，启动急救医疗服务体系。

2. 迅速剪开并取下伤处覆盖的衣裤、袜类，不可剥脱。

3. 一度烫伤可涂外用烧烫伤膏药。

4. 二度烧烫伤时，表皮水疱不可刺破，不要在创面上涂任何油脂或药膏，以免影响救护人员对烧伤深度的判断。用干净清洁的敷料、毛巾、床单等覆盖伤部，以保护创面，防止污染。

5. 严重口渴者，可口服少量淡盐水或淡盐茶水。条件许可时，可服用烧伤饮料。

6. 对窒息者，进行人工呼吸；对伴有外伤大出血者，应予以止血；对骨折者，应做临时固定。

7. 因爆炸燃烧事故受伤的患者，创面污染严重，无须强行清除创面上的衣物碎片和污物，应简单包扎后立即送往医院治疗。

8. 对大面积烧伤或严重烧伤者，应尽快组织转送医院治疗。

专家提示

一度烧伤：表现为受伤处皮肤红、肿、热、痛，感觉过敏，无水疱出现。

浅二度烧伤：表现为受伤处皮肤疼痛剧烈、感觉过敏，有水疱，疱皮薄，疱液清亮；水疱破裂后可见创面红润、水肿明显。

深二度烧伤：表现为受伤皮肤痛觉较迟钝，可有或无水疱，水疱较小，创基苍白，间有红色斑点。

三度烧伤：皮肤感觉消失，无弹性，干燥，无水疱，蜡白、焦黄或炭化。

3 触电的处理

随着家用电器的广泛使用，如果电器的质量不达标，使用年限超限，或违规操作等，都可能造成触电。

提示

触电对人致命的伤害是心室纤维性颤动（心室纤颤）、心搏骤停、呼吸麻痹，因而及时有效的心脏除颤、心肺复苏是抢救成功的关键。

应对技巧

发现触电者应立即按以下步骤进行处理。

1. 迅速切断电源，关闭电闸，或用干木棍、竹竿等不导电物体将电线挑开。电源不明时，不要用手直接接触触电者，确定伤者不带电后立即进行救护。

2. 在浴室或潮湿的地方，救护人员要穿绝缘胶鞋、戴胶皮手套或站在干燥的木板上以保护自身安全。

3. 心搏、呼吸停止者，立即心肺复苏，不要轻易放弃，一般应进行 30 分钟以上。有条件的，尽早在现场使用自动体外除颤器进行心脏除颤。

4. 紧急呼救，启动急救医疗服务体系。

5. 在现场持续进行心肺复苏，直到专业急救人员到达现场。

6. 对局部烧伤的患者，应就地取材进行创面的简易包扎，再送医院抢救。

专家提示

触电轻者常有惊吓、发麻、心悸、头晕、乏力等表现，一般可自行恢复。严重者出现强直性肌肉收缩、昏迷、休克、心室纤维性颤动。低压电流可引起心室纤维性颤动、心搏骤停；高压电流主要伤害呼吸中枢，导致触电者呼吸麻痹、呼吸停止。

低电压所致的烧伤常见于电流进入点与流出点，创面较小，直径为0.5～2厘米，呈椭圆形或圆形。创面颜色为焦黄或灰白色，干燥，边缘整齐，与健康皮肤分界清楚。一般不损伤内脏，致残率低。高压电所致的烧伤常有一处进口和多处出口。创面不大，但可深达肌肉、神经、血管甚至骨骼，有“口小底大，外浅内深”的特征。

1. 救护人员在救护触电者时，既要救人，也要注意保护自己。
2. 救护人员在抢救过程中应注意保持自身与周围带电部分必要的安全距离。
3. 触电者未脱离电源前，救护人员不准直接用手触及患者。
4. 救护人员最好用一只手使触电者与导电体脱离，以免形成电流回路而触电。
5. 如触电者处于高处，脱离电源后可能会自高处坠落，要采取必要的预防措施。

4 煤气中毒的处理

一氧化碳中毒俗称煤气中毒，常见于冬季用煤炉、炭盆取暖，烟囱被堵塞，门窗紧闭的空气不流通的居室。燃料（煤气）泄漏，也是造成煤气中毒的原因之一。

提示 一氧化碳是一种无色、无臭、无刺激性的气体，煤炭、木炭和可燃气（液）体，在燃烧不完全时多产生一氧化碳。

应对技巧

一氧化碳进入人体后，与血红蛋白结合成碳氧血红蛋白，使血红蛋白失去携氧作用，造成体内严重缺氧而中毒。短期吸入高浓度一氧化碳可致呼吸停止，人立即死亡。

发现煤气中毒者应立即按以下步骤进行处理。

1. 首先评估现场是否安全，排除险情，做好自我保护。如为煤气泄漏，应用湿毛巾捂住口、鼻，迅速关闭煤气总阀，严禁在现场打电话、点火和开启照明设备。

2. 立即将门窗打开或将患者移至空气新鲜处，并松解患者衣扣，清除其口鼻分泌物，使其保持气道畅通。

3. 拨打急救电话，启动急救医疗服务体系，寻求专业急救人员的帮助。

4. 中毒较轻的患者应注意保暖，并要喝含糖的热饮料。

5. 对心搏骤停的患者，立即进行心肺复苏。

6. 有条件时给予吸氧，也可以送至有高压氧治疗条件的医院进行治疗。

7. 若是煤气泄漏，呼叫煤气公司排除故障。

专家提示

煤气中毒患者主要表现如下：

1. 轻度患者会出现头晕、眼花、耳鸣、恶心、呕吐、心悸等症状。

2. 中度患者除了轻度中毒症状外，还会出现面色潮红、口唇呈樱桃红色、躁动不安等症状。

3. 重度患者除上述症状外，还会出现深度昏迷、大小便失禁、各种反射消失等症状。

进一步建议

轻度中毒患者脱离中毒环境吸入新鲜空气后，中毒症状很快就会消失。

中度中毒患者脱离中毒环境吸入新鲜空气或给氧后，可很快苏醒，一般不会留下后遗症。

重度中毒患者经治疗后，可能遗留中枢神经系统损害疾病，如记忆力下降、性格改变、痴呆等。

5 淹溺的处理

淹溺又称溺水，是由于大量的水灌入气道和肺内阻碍气体交换，或由于寒冷、惊吓或水的刺激引起喉痉挛造成通气障碍而窒息。

提示

淹溺若不及时救治，4 ~ 6 分钟即可造成淹溺者心搏、呼吸骤停而死亡。因此，遇到淹溺时，必须争分夺秒地进行现场急救。

应对技巧

发现淹溺者应立即按以下步骤进行处理。

1. 水中救护

（1）施救者自觉有能力，可跳入水中将落水者救出；如无能力，千万不要贸然跳入水中，应立即高声呼救，获得他人帮助，并拨打“120”医疗急救电话。

（2）入水后，迅速从落水者后面靠近落水者。

（3）从后面双手托住落水者的头部，使其成仰泳状，将其带至安全处。

（4）有条件的，采用可以漂浮的脊柱板救护落水者。

2. 岸上救护

（1）救上岸后，将溺水者的头偏向一侧，清除其口腔和鼻腔内的污物，畅通气道，使其保持呼吸畅通。

（2）立即倒出肺内、胃内积水。施救者将溺水者俯卧，头胸部下垂，腹部垫高或横放在施救者屈曲的腿上，摇晃溺水者或用手拍其背部，以利倒水。

（3）如果淹溺者发生心搏、呼吸骤停，不能一味地进行倒水处理，应立即进行心肺复苏。

（4）不要轻易放弃抢救，特别是在低体温情况下，应延长抢救时间，直至专业急救人员到达。

（5）现场救护有效，溺水者恢复呼吸、心搏后，可用干毛巾擦遍全身，自四肢、躯干向心脏方向摩擦，以促进血液循环。

（6）给予复温和保暖处理，以防再次发生心搏停止。

专家提示

游泳时一旦发生小腿抽筋，务必保持镇静，千万不要惊恐慌乱而呛水致使抽筋加剧。正确做法是先深吸一口气，把头潜入水中，使背部浮上水面，两手抓住脚尖，用力向自身方向拉，同时双腿用力抻。一次不行的话，可反复几次，肌肉就会慢慢松弛而恢复原状。如果逞强硬要上岸，往往会适得其反而溺毙。游泳时发生抽筋，缓解后也不要再继续游泳，否则易再次发作而出现意外。

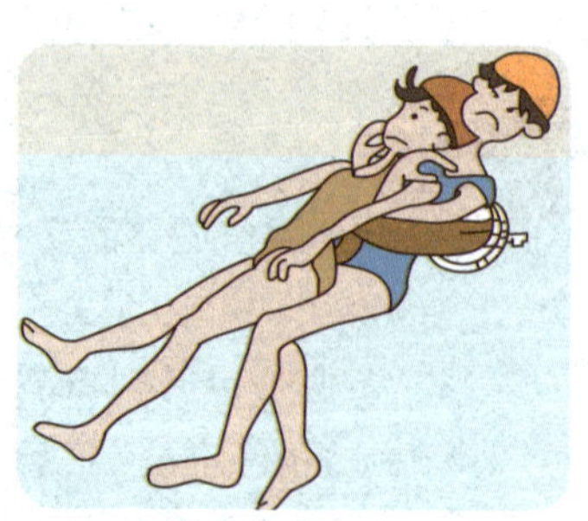

6 出现电梯意外怎么办

目前，电梯已成为人们生活中不可缺少的一部分，随之而来的是电梯事故频频发生。在保证电梯安全运营的同时也需要丰富自身关于电梯事故的急救和自救知识。

提示

电梯有一套防坠安全装置，即使停电，安全装置也不会失灵。而且电梯井道坑底有缓冲器，可以缓解蹲底时的冲击力，减轻电梯内乘客受到的伤害。

应对技巧

被困升降电梯中时，应立即按以下步骤进行处理。

1. 如果电梯出现故障而停止运行，最安全的做法是保持镇定，并打电话报警。

2. 如果电梯突然下落，应把每一层楼的按键都按下。如果有应急电源，可立即按下，在应急电源启动后，电梯可马上停止下落。

3. 若电梯里有把手，乘客最好紧握把手，这样可避免因重心不稳而摔伤。

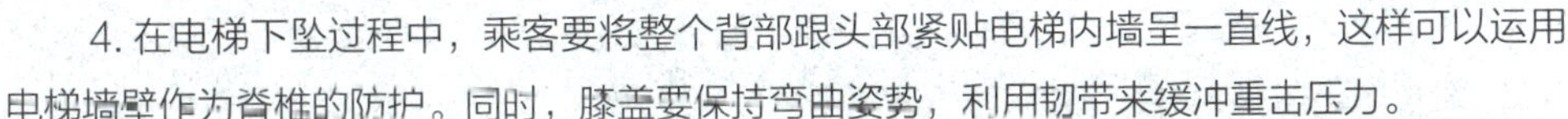

4. 在电梯下坠过程中，乘客要将整个背部跟头部紧贴电梯内墙呈一直线，这样可以运用电梯墙壁作为脊椎的防护。同时，膝盖要保持弯曲姿势，利用韧带来缓冲重击压力。

5. 在电梯停止下坠后，应利用应急电话或手机与值班人员、维保人员取得联系，告知电梯所在位置、电梯内人员情况等。乘客应当待在轿厢内等待救援，切不可强行推开电梯门，以免造成人身伤害或发生坠落。

6. 不能从电梯天花板紧急出口爬出，以免电梯突然开动，发生坠落。

乘扶梯注意事项：

不要在乘扶梯时看书或玩手机，更不能在扶梯进出口处逗留，以免发生危险。

不要在扶梯上逆行、攀爬、玩耍，与他人最好相距一个空位。

不要踩在黄色安全警示线及两个梯级相连的部位。

不要将鞋及衣物触及扶梯挡板，更不能用脚踢扶梯带板。

不能将头、四肢伸出扶手装置以外，以免受到障碍物、相邻的自动扶梯等的撞击。

不要蹲坐在踏板上，随身携带手提袋等不要放在踏板或扶手带上，以防滚落伤人。

不要携带大件物品，如轮椅、婴儿车、手推车等乘坐扶梯。

儿童乘扶梯要有家长看护，最好让孩子站在自己的前方。

7 遭遇偷盗怎么办

盗窃是指一种以非法占有为目的，秘密窃取国家、集体或他人财物的行为。由于不法分子的存在，防偷防盗应常抓不懈，才能保护个人和公共财产不受损失。

提示

发现盗贼时，应尽量避免与盗窃分子正面接触，以免受到伤害，应机智灵活地与盗窃分子做斗争。

居家应对

不要给陌生人开门；对上门维修、送货、送礼的人，要查明其身份。

家里不要存放大量现金，银行卡不要同身份证、户口本等放在一起。

钥匙要随身携带，不要乱扔乱放，丢失钥匙要及时更换门锁。

当遇到陌生人在住所附近徘徊时，一定要多加小心，必要时进行监视、盘查或拨打“110”报警。

及时清理插在门上的各类广告、传单。如果清理不及时，往往会被犯罪分子认为家中久无人住而产生偷盗的念头。

天气较热的时候不要贪图一时凉快而将门户大开，这一点对平房或楼层较低的住户尤其重要。对直通楼顶的通道要妥善关闭，以防止犯罪分子从楼顶下行潜入室内。

外出时，如果家中无人，首先应该将门窗全部锁好，做好安全防护。晚上全家短时间外出，最好亮上一盏灯。长时间全家外出时，要在阳台上晾晒一些衣服，使不法分子难以判断出家中是否有人，因而不敢贸然下手。

交朋友要慎重，家庭成员特别是青少年，不可随便将陌生人带到家中。

外出应对

1. 出行坐车买票前，应事先了解票价，提前准备好票款，将其他大额钱款藏好。

2. 人群拥挤时，最好把背包挂在胸前，这样会给窃贼下手增加不小的难度。

3. 在火车上放置行李时，头顶位置是视线的盲区，窃贼往往会装作取自己行李的样子，窃取他人物品。所以乘坐火车时，应将行李放在自己斜上方视线能及的架子上，便于随时看管。

4. 火车行驶时，尤其是中午 1 至 2 时，以及午夜 12 时至次日清晨 6 时这段时间，是窃贼下手的最佳时间。乘客最好在出门时保持充沛的体力。如果是单独出行，尽量不要在车上睡觉；如有同伴，则可以轮流休息。

5. 窃贼下手时往往要分散乘客的注意力，即找各种借口与乘客搭讪，而其同伙伺机下手。所以，出门时对陌生人要多留个心眼儿。

进一步建议

一旦在夜间听到房间内有异常声响，切忌立即起身查看甚至开灯。可以咳嗽几声，故意大声说“谁呀”之类的话，或用手机悄悄拨打“110”报警。

8 遭遇绑架怎么办

绑架是一种犯罪行为，是对被害人非法实行暴力手段达到挟持人质的过程，通常会通过这种行为达到敲诈、勒索或者其他目的。

提示

努力记住绑匪们的面容和特征，以及与绑匪有关的一切线索。假如你通过努力和外界的救助脱险了，这些就是协助公安机关破案的线索。

应对技巧

1. 寻找机会脱身。被绑架初期要注意观察周围环境，可趁绑匪不注意时抛掷能引起外界注意的物品，以引起外界注意，趁机呼救。在被绑架的过程中，要尽量记住沿途的地方、路名，观察有无邮筒、电话亭，以便以后有机会时利用。同时尽可能拖延时间，寻找各种借口给绑匪制造困难。

2. 学会保护自己。当上述努力均未见效时，特别是到了目的地后，也不要灰心，这时可降低反抗程度，学会保护自己，表面佯装害怕或已经被驯服，而这时绑匪也从最初的百般小心而变得大意起来，这样你就可以寻找新的机会。在绑匪向你追问他们想知道的情况时，千万不要告诉他们，可假装害怕而大哭，或说忘了，或说不知道，总之，不要说出实情。你说得越多，对你越不利。当绑匪殴打、虐待你时，表面上要软弱，因为与逃脱无益的任何反抗都是没有意义的，你的一切目的就是尽可能地保护自己，把伤害降低到最低程度。无论坏人多么凶残，你的内心一定要坚强，不能被吓倒，这样你才能保持清醒，去寻找机会逃脱。

3. 分化瓦解绑匪。调整心态，多与押解、看守你的绑匪搭讪闲话，麻痹他们，发现他们的弱点，了解他们的情况，为以后寻找脱身的机会打下基础。当其内部发生利益矛盾时，你的机会就来了。甚至你还可以适当地主动攻心，分化绑匪，同时努力观察周围情况，看有否可利用的脱身条件，一旦时机成熟，则勇敢机智地脱离险境。但要记住，千万不要对坏人抱幻想，你只是寻找机会利用坏人，不要指望坏人会发善心。

进一步建议

不要在陌生人面前炫耀自己的财富，以免祸从口出。

要尽量避免走空旷、僻静的路，更不要独自一人走夜路。

走路尽量走人行道，不要走马路边上，警惕路边可疑的车辆等。

不要给陌生人开门，对上门维修、送货的人，要查明其身份。

9 路遇抢劫怎么办

抢劫是以非法占有为目的，对财物的所有人、保管人当场使用暴力、胁迫或其他方法，强行将公私财物抢走的行为。

提示

抢劫行为常是突然发生的，在抢劫前抢劫者在物质上和精神上有了一定的准备，而被抢者没有丝毫防备，这使得被抢者通常处于劣势。所以发生抢劫时，被抢劫者最好不要鲁莽行事，要三思而后行。

应对技巧

1. 遭遇抢劫不要惊慌，要保持镇静，迅速思考对策。

2. 如果抢匪人多势众，可假意接受抢匪要求，以免受到人身伤害。如果发现抢匪和自己力量相当，要拿出勇气与之较量，对其不合理要求严词拒绝，并与其机智周旋。一味妥协，只会让抢匪更加肆无忌惮。

3. 要注意观察周围的地形和行人，在确保人身安全的基础上，找准机会向路人大声呼救或逃脱。如果一时无法脱身，看到有人路过，可假装遇到亲人，大声叫喊等，以引起路人注意而获救，或使抢匪紧张而逃窜。此外，如抢匪追赶，可将钱包或值钱的物品远远抛至相反方向，引诱抢匪捡拾，为自己逃脱争取时间。

4. 在与抢匪周旋的过程中，要注意观察抢匪的各种特征，或可提供的线索（如劫匪的身高、体型、相貌、口音、衣着等）等。

5. 脱身后记得及时报警。

专家提示

记住：逃脱的时候一定要向着人多的地方或有光亮的地方，而不要往小巷子或黑暗处等行人稀少的地方跑。

进一步建议

上门抢劫的防范方法：

1. 改进和加固房门。

2. 提高防范意识，对上门的陌生人严加盘问，不要随便开门。

3. 当遇到陌生人在住处附近徘徊时，一定要多加小心，必要时进行监视、盘查或拨打“110”报警。

4. 对不明底细的人，不能随便带到家里。

5. 自己的住处、具体工作单位、电话号码等不要随便告诉陌生人。

6. 与邻里形成一种互惠互利、相互照料的关系，发现邻里家中有异常，及时帮助。

10 遭遇诈骗怎么办

诈骗是指以非法占有为目的，用虚构事实或者隐瞒真相的方法，骗取公私财物的行为。

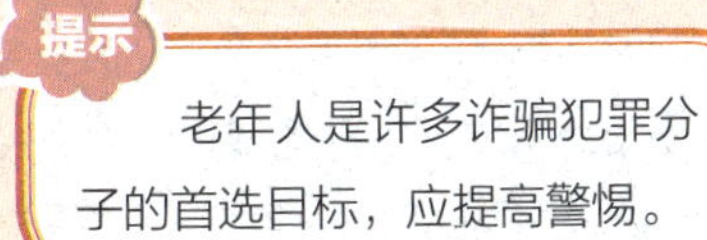

提示

老年人是许多诈骗犯罪分子的首选目标，应提高警惕。

应对技巧

1. 不可贪图小便宜。
2. 加强自我保护意识，不要轻易泄露个人信息。
3. 对通过电话或短信进行的业务，不要轻易相信和回复，要眼见为实。
4. 不要轻易相信陌生人，更不要轻易将自身财物借给他人。
5. 不可迷信，相信鬼神消灾、治病之说。
6. 如遇陌生人纠缠，要及时脱身，或者要求到公安机关或找警察进行解决。

常见诈骗方法

1. 以同时捡到钱或者贵重物品要求平分为理由，进行诈骗。
2. 用低值外币（如越南币、秘鲁币）冒充高值外币，或用假的外币兑换人民币诈骗。
3. 以看相算命、化缘祷福等迷信方式诈骗。
4. 以借手机打电话为由将手机骗走。
5. 通过发布中奖信息，收取受害人相关手续费或获取受害人银行账户信息，骗取钱财。
6. 冒充是受害人的亲朋好友、医生或其他相关人员，谎称自己（或受害人的亲人）出了车祸、生病住院或其他变故，急需钱用，让受害人向其银行账号上汇款。
7. 发布存款短信进行诈骗。
8. 以销售低价二手车、低息贷款等为名进行诈骗。
9. 冒充税务或业务销售工作人员以汽车退税的名义实施诈骗。
10. 冒充公安、检察院、法院工作人员以账户涉嫌犯罪实施诈骗。
11. 以假冒或伪劣产品冒充好产品进行诈骗。
12. 通过超低价格的虚拟商品信息为诱导进行第三方诈骗。
13. 在 ATM 的显示屏上张贴虚假提示诱劝使用者转移资金。
14. 以借用受害人银行卡进行转账为由将其银行卡调包转移资金。
15. 发布受害人信用卡在某处消费的信息，要受害人按照其提供的电话进行咨询，获取受害人信用卡信息后转移资金。

11 遭遇性侵害怎么办

性侵害是指加害者以权威、暴力、金钱或甜言蜜语，引诱胁迫他人与其发生性关系，并在性方面造成对受害人的伤害行为。

提示

在遭受性侵害与歹徒搏斗时，一定不要忘了记住歹徒的相貌特征，并注意留下证据，如歹徒的毛发、精斑等，为以后公安机关破案提供线索。

应对技巧

遭遇侵害，首先要判断歹徒的动机，如果钱财可以化解危机，应毫不犹豫地将携带的钱物扔给歹徒，为自己赢得逃脱机会。

若上述方法不奏效，也不能丧失信心，要冷静观察周围的环境，如果有行人路过，而且地形易于脱身，可大声呼救；如果周围行人稀少，远离大路，不易脱身，一定不能惊慌失措、大喊大叫，以免歹徒不择手段而威胁自己的生命。

当然，不易脱身时也不能一味顺从，应积极反击。根据具体情况，可用膝部、肘部或脚，猛击歹徒的阴部或面部等。如周围有石块、沙土、木棒、酒瓶或砖头等，可用来袭击歹徒。当歹徒贴近自己时，还可用手指抠其眼睛，用钢笔、发夹等尖锐物品扎其眼睛，或咬其手臂等，对其造成伤害而迫使其停止侵害。

熟人实施性侵害在性侵害中所占的比例相当大。对于熟人作案，除用对付陌生人的方法外，还可增加心理战术，用亲情、友情感化对方，同时要严肃警告对方后果的严重性，使其悬崖勒马，及早放弃侵害念头。

专家提示

性侵害的目的也有多种，或在抢劫钱财时突发意念，或因具体的时空环境引发邪念，或为寻求刺激和新鲜感。因此，在遭遇性侵害时，应首先初步判断加害人的动机，进而采取相应的策略。

进一步建议

女性易受性侵害的地方为公共场所和僻静处所。

公共场所，如舞池、溜冰场、游泳池、车站、码头、影院等。这些场所人多拥挤，不法分子可乘乱袭击。

僻静之处，如无人的教室、礼堂，公园假山、树林深处，狭道小巷，没有路灯的街道楼边，楼顶晒台，尚未交付使用的新建筑内，下班后的电梯内、无人居住的小屋、陋室、茅棚等。这些场所人员稀少，女性极易遭受性侵害。

12 如何网络交友

随着互联网的发展与普及，网络俨然已成为目前最热门的交流载体，网络交友也成为人们交往的一种重要形式。

提示 网络是个虚拟的世界，具有隐蔽性、复杂性的特点，网络上的人形形色色、良莠不齐，所以网络交友须谨慎。

应对技巧

1. 不要轻信他人。网络的虚拟性质众所周知，在这样环境中是最适合用来结识陌生人的，人与人之间的关系也可以通过非常短的时间得到快速发展，而且还很容易保持长时间的联系，信任与不信任只在一念之差。尽管各个社区或聊天工具中反复声明用户要遵守交友规则，不要蓄意欺骗、伤害他人。但建议你仍然要保持警惕，不要轻易与网友见面、约会，除非你已经明确了解了对方的情况并信任对方。

2. 在与陌生人交往过程中，不要轻易泄露自己的真实信息，如自己的真实姓名、工作单位、手机号码、家庭电话号码、家庭住址等，任何可以找到自己的信息都不要告诉对方。对试图获得这些信息的网友，要保持警惕。

3. 在与网友交往过程中，要注意把握每一个细节。如果有人给你的印象太好以至于感觉不够真实，请多加小心。仔细体会对方是否有任何怪异的言行举动或前后矛盾的地方。一旦发觉不对劲或感到任何不快，可中断交往或保持距离。

4. 如果对方提出金钱要求，请格外小心！心怀不良目的的人，一开始伪装得很好，让人很难辨认其实际面目，但与其交往到一定程度后，他（她）往往会以各种理由（如父母生病、兄弟上学须交学费、见面路费等）向你借钱。遇到这样的事，一定要格外小心，不要盲目地把钱寄出去。

5. 与网友见面一定要慎重。出门前要告知家人或朋友，自己与网友见面的时间和详细地点，当然最好约个人一起去。见面地点忌选择偏僻或不熟悉的地方，应选择公共场所，如广场、公园、快餐店等，并选在人多的时段。

6. 在与网友见面过程中，如发现对方过分热情或有挑衅举动，或言行举止粗俗，或年龄与自己所了解的不符，或其表现与在网络上给你的感觉相差甚远等，要及时借口脱身。如有危险，求助旁人，及时报警！

13 被猫狗咬伤怎么办

猫狗等动物的神经组织和唾液中可能存在狂犬病病毒，当人被猫狗咬伤后，病毒经伤口进入人体内。一旦发病，进展迅速，生存的可能性极小，病死率几乎达 100%。

提示

猫狗在春季进入发情期，会变得异常急躁，易“翻脸”不认人。故春季要特别注意观察猫狗的日常行为，预防咬、抓伤的发生。

应对技巧

1. 被猫狗等宿主动物咬、抓伤后，应立即清洗伤口，用肥皂水或清水彻底冲洗伤口至少 15 分钟。冲洗后用碘伏或 75% 乙醇涂擦伤口。

2. 只要未伤及大血管，局部伤口不缝合、不包扎、不涂软膏、不用粉剂，以利伤口排毒。

3. 立即就近到狂犬病免疫预防门诊就医，按照接种程序，及时、全程、足量接种狂犬病疫苗。

4. 接种期间要避免剧烈活动，忌用免疫抑制药物，不宜喝酒、咖啡及吃辛辣刺激性食物。

5. 伤口较深、污染严重者，酌情进行抗破伤风处理和使用抗生素等以控制狂犬病以外的其他感染。

6. 将伤人的动物隔离，立即将其带到动物医院诊断，并向动物防疫部门报告。

专家提示

狂犬病主要的临床表现为特有的恐水、怕风、咽肌痉挛、进行性瘫痪（麻痹）。因恐水症状严重，又称恐水症。

进一步建议

1. 加强动物管理，家养宠物要登记并定期注射狂犬病疫苗。避免接触来路不明的动物，与猫狗接触机会多的人应接种狂犬病预防疫苗。

2. 有些猫狗对陌生人特别不友好，因此，到别人家玩耍时，尽量不要逗人家的猫狗，以免被抓伤或咬伤。

3. 在路上遇到狗，尽量不要招惹它，更不要突然撒腿就跑，这样狗往往会追上来，应放松心态，若无其事地走过。

第三部分 突发事件

突发事故是由自然因素或人为因素造成的意外事故，如火灾、地震、洪涝灾害、爆炸事故等，带有很大的偶然性和突发性，有的突发事故只造成个体影响和危害，有的则可造成巨大经济损失，严重损害人体健康或造成大量人员伤亡。正确认识灾害事故发生及发展的规律，掌握尽可能多的避险救灾方法，能有效减少危害。

1 火灾救护

目前，火灾已成为威胁公共安全，危害人民群众生命财产的一种多发性灾害。加强防火意识，掌握灭火技能，摒弃侥幸心理，防患于未然，是最有效的防火措施。

提示

引起火灾的原因有放火、电气、违章操作、用火不慎、吸烟、玩火、自燃、雷击等。

火灾逃生方法

1. 在家中被火围困时的逃生方法：

（1）立即拨打火警电话“119”。

（2）开门之时，先用手背碰一下门把。如果门把烫手，或门隙有烟冒进来，切勿开门。先用手背碰是因为金属门把传热比门框快，更容易感受门外的温度。

（3）若门把不烫手，则可打开一道缝以观察可否出去。开门时用脚抵住门下方，防止热气流把门冲开。如门外起火，开门会鼓起阵风，打开门窗则形同用扇扇火，此时应尽可能把全部门窗关上。

（4）逃生时要注意将身体贴近地面，匍匐前进或弯腰前进。

（5）如果出口堵塞了，则要试着打开窗或走到阳台上，走出阳台时随手关好阳台门。

（6）若楼层不太高，被迫跳楼时，应先扔下棉被、海绵床垫等柔软物用于缓冲，然后爬出窗外，手扶窗台向下滑，尽量缩小落差。

（7）如果要破窗逃生，可用顺手抓到的东西（较硬之物）砸碎玻璃，把窗口碎玻璃片弄干净，然后顺窗口逃生。如无计可施则关上房门，打开窗户，大声呼救。如果在阳台求救，应先关好后面的门窗。

（8）如没有阳台，则一面等候援救，一面设法阻止火势蔓延，如用湿布堵住门窗缝隙，以阻止浓烟和火焰进入房间。

（9）向木质家具及门窗泼水防止火势蔓延。邻室起火，不要开门，应从窗户、阳台转移出去。如贸然开门，热气浓烟可乘虚而入，使人窒息。睡眠中突然发现起火，不要惊慌，应趴在地上匍匐前进，因靠近地面处会有残留的新鲜空气，此时不要大口喘气，呼吸要细小。

2. 高层建筑火灾的逃生方法：

（1）尽量利用建筑内部设施逃生：即利用消防电梯、防烟楼梯、普通楼梯、封闭楼梯、观景楼梯进行逃生；利用阳台、通廊、避难层、室内设置的缓降器、救生袋、安全绳等进行逃生；利用墙边落水管进行逃生；将房间内的床单或窗帘等物品连接起来进行逃生。

（2）根据火场广播逃生：高层建筑一般装有火场广播系统，当发生起火且火势已经蔓延时，不可惊慌失措盲目行动，应注意听火场广播和相关人员的疏导信号，选择合适的疏散路线和方法。

（3）自救、互救逃生：利用各楼层存放的消防器材扑救初起火灾。充分运用身边物品自救逃生，如用绳子或床单撕成条状连接起来，一端拴在门窗栏杆或暖气管道上，另一端甩向楼下，然后攀附向下滑落。对老、弱、病残、孕妇、儿童及不熟悉环境的人要引导疏散，共同逃生。

3. 商场（集贸市场）火灾的逃生方法：

（1）熟悉所处环境：走进商场等不熟悉的环境，应留心看一看太平门、楼梯、安全出口的位置，以及灭火器、消火栓、报警器的位置，以便有火警时及时逃出危险区或将初起火火及时扑灭。只有养成这样的好习惯，才能有备无患。

> **提示**
>
> 商场（集贸市场）可燃物多，人员密度大，火灾危险性很大，一旦发生火灾，扑救难度大，人员疏散困难，易造成重大的人员伤亡。

（2）利用疏散通道逃生：主要是利用商场设定的室内楼梯、室外楼梯或消防电梯等，尤其是在初起火灾阶段，要及时利用这些通道逃生。

（3）自制器材逃生：主要是利用一切可以利用物品进行自我保护、开辟疏散通道。

（4）利用建筑物逃生：即利用下水管、室外突出部位，各类门、窗及避雷网（线），进行逃生或转移。

（5）寻找避难处所逃生：如到室外阳台、楼层平台等待救援；选择火势、烟雾难以进入的房间，关好门窗，堵塞间隙，或浇湿可燃物，阻止或减缓火势和烟雾的蔓延。无论白天或夜晚，被困者应不断发出各种呼救信号，以引起救援人员注意而得救。

4. 公交车、汽车火灾的逃生方法：

（1）当发动机着火后，应设法开启车门，从车门下车。然后组织乘客用随车灭火器扑灭火焰。

（2）如果着火部位在汽车中间，应设法打开车门，从两边车门有秩序地下车。

（3）如果车门线路被火烧坏，开启不了，应砸开就近的车窗，从车窗下车。

专家提示

报警时要牢记以下六点：

1. 要牢记火警电话“119”。

2. 接通电话后要沉着冷静，向接警中心讲清发生失火的地点、什么东西着火、火势大小，以及着火的范围。同时还要注意听清对方提出的问题，以便正确回答。

3. 告诉对方自己的电话号码和姓名。

4. 打完电话后，要到附近的交叉路口等候消防车的到来，以便引导消防车迅速赶到火灾现场。

5. 迅速组织人员疏通消防车道，清除障碍物，使消防车到火场后能立即进入最佳位置灭火救援。

6. 如果着火地区发生了新的变化，要及时报告消防队，使他们能及时改变灭火战术。

火灾扑救方法

1. 冷却灭火法：将灭火剂直接喷洒在可燃物上，使可燃物的温度降低到其燃点以下，从而使燃烧停止。用水扑救火灾，其主要作用就是冷却灭火。一般物质起火，都可以用水来冷却灭火。火场上，除用冷却法直接灭火外，还经常用水冷却尚未燃烧的可燃物质，防止其达到燃点而着火；还可用水冷却建筑构件、生产装置或容器等，以防止其受热变形或爆炸。

2. 隔离灭火法：可燃物是燃烧条件中最重要的条件之一，如果把可燃物与引火源或空气隔离开来，那么燃烧反应就会自动终止。如喷洒灭火剂可以把可燃物同空气和热源隔离开来，或用泡沫灭火剂灭火产生的泡沫覆盖于燃烧液体或固体的表面，在冷却作用的同时，可以把可燃物与火焰和空气隔开等，都属于隔离灭火法。采取隔离灭火的具体措施很多。例如，将火源附近的易燃易爆物质转移到安全地点；关闭设备或管道上的阀门，阻止可燃气体、液体流入燃烧区；排除生产装置、容器内的可燃气体、液体，阻拦、疏散可燃液体或扩散的可燃气体；拆除与火源相毗连的易燃建筑结构，形成阻止火势蔓延的空间地带等。

3. 窒息灭火法：可燃物质在没有空气或空气中的含氧量低于 14% 的条件下是不能燃烧的。所谓窒息法就是隔断燃烧物的氧气供给。因此，采取适当的措施，阻止空气进入燃烧区，或使用惰性气体稀释空气中的氧含量，使燃烧物质缺乏氧气而熄灭，适用于扑救封闭式的空间、生产设备装置及容器内的火灾。火场上运用窒息法扑救火灾时，可采用湿麻袋、湿棉被、沙土、泡沫等不燃或难燃材料覆盖燃烧物体或封闭孔洞；用水蒸气、惰性气体（如二氧化碳、氮气等）充入燃烧区域；利用建筑物上原有的门及生产储运设备上的部件来封闭燃烧区，阻止空气进入。此外，在无法采取其他扑救方法而条件又允许的情况下，可采用水淹没（灌注）的方法进行扑救。

专家提示

常用灭火器使用方法：

1. 手提式泡沫灭火器：主要用于扑救各种油类火灾，以及木材、纤维、橡胶等一般固体火灾。使用方法：灭火时，一手握住提环，另一手执筒底边缘。将灭火器颠倒过来呈垂直状态，喷嘴对准火焰根部，用力摇晃几下，然后放开喷嘴，即可灭火。

2. 手提式干粉灭火器：主要用于扑救可燃液体、可燃气体和带电设备火灾。使用方法：把灭火器罐上下晃动三次以上；将安全销拉开；握住出粉皮管，将皮管朝向火点；距着火点 5 米处用力压下把手，选择上风位置或者侧风方向接近火点，将干粉喷射入火焰基部；熄灭后并以水冷却除烟以防止复燃。

3. 手提式二氧化碳灭火器：适用于扑救 600 伏以下电器、图书资料及一般可燃气体初起火灾。使用方法：灭火时将灭火器提到离火源 5 米左右，放下灭火器，然后拉出保险销，手握住喇叭筒根部的手柄，另一只手紧握启开封闭的压把对准火源喷射。对没有喷射软管的二氧化碳灭火器应把喇叭筒往上扳 70°～90°，使用时不能用手直接抓住喇叭筒体外壁和金属连接管以免手被冻伤。

进一步建议

在火场中很难避免人身上不着火，如果衣服被火烧着了，不要惊慌，应沉着冷静的采取以下措施：

1. 不能奔跑，应就地打滚。

2. 如果条件允许，可以迅速将着火的衣服撕裂脱下，或掼，或踩，或用灭火器、水扑灭。

3. 倘若附近有河、塘、水池之类，可迅速跳入浅水中，但如果烧伤面积太大或程度较深，则不能跳入水中，防止细菌感染或其他不测。

4. 如果有两个以上的人在场，身上未着火的人要镇定，立即帮助着火者撕下衣服，或用麻袋、衣服、扫帚等朝着火人身上的火点覆盖、扑、掼。但应注意，不宜用灭火器直接往人身上喷射。

2 核与放射事故

核与放射事故主要是因核装置爆炸、核电站或核设施破坏及放射性物质丢失、被盗或放射线装置失控而发生的核事故和放射事故。

提示

核与放射事故可能因释放大量放射性物质，直接辐射人体，或通过呼吸、皮肤、消化道等进入人体而导致人员伤残，甚至死亡。

应对技巧

1. 发生核事故时，要留意政府发布的有关信息，不要听信和传播谣言。要服从政府和专业人员的统一指挥，不要盲目奔逃。未经批准，不得进入隔离区。

2. 事故发生后要待在家中，关闭门窗。如在室外，应用纸巾、手帕、口罩等捂住口鼻，穿戴好帽子、雨衣、手套、眼镜、靴子等，迅速撤离到安全地带。

3. 不要食用和使用被放射污染了的食品、饮用水和生活用品。

4. 如果怀疑自己已经暴露于核辐射中，要更换衣服和鞋子，将暴露过的衣物放在塑料袋中，密封塑料袋，放到偏僻处。彻底洗一次澡。

5. 可能受到放射污染时，应尽快接受医学防护措施的处理。

6. 受核辐射后可能产生急性放射性损伤，如果是轻度的就只需要对症处理多观察，中度的放射病必须马上住院治疗。

进一步建议

发生核与放射事故后，应听从当地主管部门的安排，决定是否需要控制使用当地的食品和饮水。受污染的食品可采取加工、洗涤、去皮等方法去污，也可在低温下保存，使短寿命的放射性核素自行衰变，以达到可食用的水平。对受污染的水，可用混凝、沉淀、过滤及离子交换等方法消除污染。

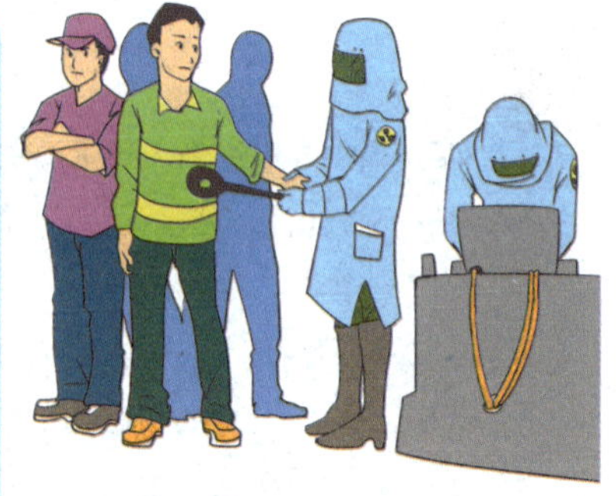

3 地震

地震是指地球表层的快速震动，与刮风、下雨、闪电、山崩一样，是地球上经常发生的一种自然现象。

提示

强度大的地震不仅会造成压、砸、埋等伤害，还可引发火灾、海啸、中毒、触电等一系列次生灾害，造成巨大的人员伤亡和社会经济损失。

应对技巧

1. 地震过程要保持镇定，迅速关闭电源、燃气，选择构架结实、能掩护身体、易于形成三角空间或空间小、有支撑的地方避震，躲避时应注意远离大镜子、玻璃窗及易掉落的悬挂物，不要靠近窗边或阳台。

2. 保护头部和脊柱，等待震动过去再迅速撤离到安全地方。

3. 要就近躲避，避开人流，不要拥挤，不要随便点明火。

4. 在户外避震时，不要乱跑，不要随便返回室内，要就地选择开阔地蹲下或趴下，避开高大建筑物、危险高耸物、广告牌、街灯、物料堆放处及人多的地方；不要停留在天桥、立交桥上面和下方。

5. 要避开山脚、陡崖和陡峭的山坡，尽快向空旷的地方转移。

1. 在废墟下压埋较轻的人可以根据自己所处的具体情况，寻找自救脱险的可行方法，尽力自救，尽快脱险。

2. 受伤较重或暂时不能脱险者，首先在妨碍呼吸的部位扒开一定的小空间，不要乱喊乱动消耗体力，要设法保护身体，等待救援。

3. 发现有人救援时，可用呼喊或敲击物体的方法引起救护人员的注意。

4. 尽可能开展自检、自救、互救。

5. 听从政府统一指挥，积极参与抗震救灾。

6. 加强环境卫生和公共卫生，预防疫病流行。

4 洪涝灾害

水灾分为“洪”和“涝”两种。“洪”，指大雨、暴雨引起水道急流、山洪暴发、河水泛滥、淹没农田、毁坏环境与各种设施等。“涝”，指水过多或过于集中或返浆水过多造成的积水成灾。

提示

洪涝灾害之前，往往有连续大雨天气等，这时候应该提高警惕。

应对技巧

1. 发现洪涝灾害征兆或已经发生灾害时，应尽快将消息传递出去，引起政府重视，争取控制灾害发展和尽早开展救援。

2. 在紧急情况下，应头脑冷静，行动快速。暴雨洪水突发性强，陡涨陡落，持续时间短。当发现河道涨水，要迅速撤离，不可麻痹迟疑。汛期涨洪时，千万不要强行过河，要耐心等河水退了以后过河，或长距离绕行过河。

3. 在发生暴雨洪水时，行人避雨要远离高压线路、电气设备等危险区域，雷雨时要关闭手机。学校要视情况临时放假或统一留校避洪，安排好临时食宿，并通知家人，避免家长在接应寻找孩子的路上发生意外。

4. 及时对溺水者进行人工呼吸等紧急救护。

专家提示

1. 受到洪水威胁，如果时间充裕，应按照预定路线，有组织地向山坡、高地等处转移；在措手不及，已经受到洪水包围的情况下，要尽可能地利用船只、木排、门板、木床等，做水上转移。

2. 洪水来得太快，已经来不及转移时，要立即爬上屋顶、楼房高屋、大树、高墙，暂时避险，等待救援。不要自行游水转移。可拨通求救电话，说明事发的详细地点、险情程度、被困人数、联系电话、施救要求等，以便救援单位能及时实施援救。

3. 在山区，如果连降大雨，很容易暴发山洪。遇到这种情况，应该注意避免渡河，以防止被山洪冲走，还要注意防止山体滑坡、滚石、泥石流的伤害。

4. 发现高压线铁塔倾倒、电线低垂或断折时，要远离避险，不可触摸或接近，防止触电。

5 泥石流

泥石流是指斜坡上或沟谷中的泥、沙、石块等碎屑物质与水混合而形成的流动现象，具有暴发突然、冲击力强、过程短暂等特点。

提示

泥石流的发生具有季节性和周期性，其发生主要是由于连续降雨、暴雨，尤其特大暴雨集中降雨。

应对技巧

1. 随时注意当地气象部门发布的暴雨消息，利用电视、广播等设施收听当地有关部门发布的灾害消息。

2. 时刻注意听屋外任何异常的声音，如树木被冲倒、石头碰撞的声音。离沟道较近的居民要注意观察沟内水流动的情况，如出现沟内水突然断流或突然变得十分混浊等异常情况，可能意味着泥石流将要发生或已经发生，应立即撤离。

3. 如果有关部门已发出山洪泥石流的预报或警报，或上述异常情况越来越明显，应立即组织人员按原定的疏散路线，迅速离开危险区，到安全地点避难。

4. 躲避逃生时，不要顺着泥石流沟向上游或向下游跑，应向沟岸两侧山坡跑，且不要停留在凹坡处。

专家提示

将压埋在泥浆或倒塌建筑物中的伤者救出后，应立即清除其口、鼻、咽喉内的污物，排除其体内的污水。对昏迷的伤者，应将其平卧，头偏向一侧，将舌头牵出，尽量保持气道通畅；如有外伤，应采取止血、包扎、固定等方法处理，然后转送急救站。

进一步建议

1. 在村庄选址和规划建设过程中，房屋不能占据泄水沟道，也不宜离沟岸过近；已经占据沟道的房屋应迁移到安全地带。

2. 不能把冲沟当作垃圾排放场。在冲沟中随意弃土、弃渣、堆放垃圾，将给泥石流的发生提供固体物源，促进泥石流的活动。

3. 保护和改善山区生态环境。

4. 雨天不要在沟谷中长时间停留；一旦听到上游传来异常声响，应迅速向沟岸两侧山坡方向逃离。雨季穿越沟谷时，先要仔细观察，确认安全后再快速通过。

6 大风

大风在一年四季均可发生，是一种灾害性天气。大风会毁坏地面设施和建筑物，给人们的生活造成很大的影响。

提示

大风及其在建筑物之间产生“强风效应”时，常会刮坏房屋、广告牌和大树等，并会妨碍高空作业，甚至引发火灾。

应对技巧

1. 大风天气，在施工工地附近行走时应尽量远离工地并快速通过。不要在高大建筑物、广告牌或大树的下方停留。及时加固门窗、棚架等易被风吹动的搭建物，妥善安置易受大风损坏的室外物品。

2. 尽量减少外出，必须外出时尽量少骑自行车。

3. 如果正在开车，应将车行驶至地下停车场或隐蔽处。不要将车辆停在高楼、大树下方，以免玻璃、树枝等吹落造成车体损伤。

4. 立即停止高空、水上等户外作业；立即停止露天集体活动，并疏散人员。

5. 在房间里小心关好窗户，在窗户玻璃上贴“米”字形胶布，防止玻璃破碎，远离窗口，避免强风席卷沙石击破玻璃伤人。

进一步建议

1. 应密切关注火灾隐患，以免发生火灾时火借风势，造成重大损失。

2. 留意天气预报，做好防风准备。

3. 农业生产设施应及时加固，成熟的作物尽快抢收。

4. 老人和小孩切勿在大风天气外出。

5. 如果走在路上遇到大风，要把自己衣服的拉链拉好，扣子扣好，稍稍弯腰缩紧身体一步一步慢慢向前行进。千万不要倒着走，那样很容易因为看不见前面的路，撞到物体或行人。也不可顺着风猛跑，那样会因为失去控制摔倒造成伤害。

7 冰雹

冰雹俗称雹子，有的地区叫“冷子”，夏季或春夏之交最为常见。它是一些小如绿豆、黄豆，大似栗子、鸡蛋的冰粒。

提示

在易下冰雹的季节，如果早晨气温低、湿度大，中午太阳辐射强烈，造成空气对流旺盛，则易发展成积雨云而形成冰雹。

应对技巧

1. 注意收听、收看当地的天气预报，了解天气变化趋势，做好防雹准备。

2. 在室内遭受冰雹时，应尽快关好门窗，妥善安置好易受冰雹影响的室外物品。头、手不要伸出窗外，以防被砸伤。

3. 在户外遭受冰雹时，应用东西遮挡头部和身体，并尽快进入安全的场所躲避，但不要在高楼屋檐下、烟囱、电线杆或大树底下躲避冰雹。

4. 开车时遭受冰雹，应降低车速，关闭好车窗，切不可把头、手伸出窗外。如遇上较大的冰雹，不要慌乱，听从相关人员的安排，有序下车，尽快躲进安全场所，并将车子停在地下车库或是停在背风的地方，以免被冰雹砸伤。

5 在防冰雹的同时，也要做好防雷电的准备。

进一步建议

1. 展开人工防雹，利用火箭、大炮等将干冰、碘化银等催化剂送入雹云中，破坏冰雹的形成条件，以达到防雹目的。

2. 在多雹地带种植牧草和树木，增加森林面积，改善地貌环境，破坏雹云条件，达到减少雹灾目的。

3. 多雹地区居民在降雹季节外出时，应随身携带防雹工具，如安全帽、竹篮、柳条筐等，以减少人身伤害。

8 暴雨

暴雨，特别是大范围的大暴雨或特大暴雨，往往会在很短时间内造成城市内涝或者山洪，使居民的生命财产遭受损失，给城市交通带来重大影响。

提示

对流暴雨多在夏天出现，梅雨期暴雨多出现在长江中下游地区，台风暴雨多出现在沿海地区。

应对技巧

1. 因地制宜，在家门口放置挡水板或堆砌土坎，预防住房发生小内涝。

2. 室外积水侵入室内时，应立即切断电源，防止积水带电伤人。

3. 在户外积水中行走时，应贴近建筑物行走，防止跌入窨井、地坑等。

4. 驾驶员遇到路面或立交桥下积水过深时，应尽量绕行，避免强行通过。

5. 暴雨期间尽量不要外出，必须外出时应尽可能绕过积水严重的地段。

6. 在山区旅游时，注意防范山洪。上游来水突然混浊、水位上涨较快时，须特别注意。

专家提示

1. 当发生溺水时，若不熟悉水性，除呼救外，应取仰卧位，头部向后，使鼻部可露出水面呼吸。呼气要浅，吸气要深。此时千万不要慌张，不要将手臂上举挣扎，以免身体下沉更快。

2. 如果所坐车辆被困水中，应稳定情绪，解开安全带，解除车门安全锁，完全打开车窗（如车窗打不开，可用破窗锤来击碎车窗玻璃）。车辆入水后，水会快速涌进车内，这时水压非常大，车内的人很难打开车门逃生。只有当车内充满了水，车门两侧压力相等时，才有可能打开门。打开车门后，尽快离开被淹区域。

进一步建议

1. 清理下水道，做好排水抗涝工作。

2. 不要将垃圾等杂物丢入下水道和河道中，以防堵塞，造成暴雨时积水成灾。

3. 低层居民家中的电器插座、开关等要安装在离地 1 米以上的安全地方。

4. 家住平房的居民，应在雨季来临之前检查房屋，维修房顶。

9 沙尘暴

沙尘暴是沙暴和尘暴两者兼有的总称，是指强风把地面大量沙尘物质吹起并卷入空中，使空气特别混浊，水平能见度小于 1 000 米的严重风沙天气。

提示

沙尘暴多发生在内陆沙漠边缘地区。我国沙尘暴的高发区主要在西北，多发生于春季。

应对技巧

1. 平时要做好防风防沙的各项准备。发生强沙尘暴天气时尽量减少外出，尤其是老人、儿童及患有呼吸系统过敏性疾病者。

2. 及时关闭门窗，必要时可用胶条对门窗进行密封。

3. 外出时要戴口罩，用纱巾蒙住头，以免沙尘侵害眼睛和气道而造成损伤。应特别注意交通安全。

4. 尽量避免骑自行车。骑车、开车外出时应减速慢行，密切注意路况，谨慎驾驶。

5. 要远离广告牌和树木，以免因被大风刮倒砸伤。

6. 妥善安置易受沙尘暴损坏的室外物品。

7. 多喝水，多吃清淡食物，不要购买街头露天食品。

专家提示

沙尘天气会对人的健康造成多方面损害，其中对肺部、眼、皮肤、耳、鼻的影响最严重。

人的鼻腔、肺等对尘埃有一定的过滤作用，但沙尘暴带来的细微粉尘过多过密，使鼻腔、肺等对尘埃的过滤作用大大降低。如果吸入大量粉尘，就会患呼吸系统疾病，出现咳嗽、气喘等症状。

警示

沙尘暴发生不仅是特定自然环境条件下的产物，还与人类活动有关。人为地过度放牧、垦荒，滥伐森林植被，破坏地面植被，改变地面结构，形成大面积沙漠化土地，会直接加速沙尘暴的形成和发展。

10 雾霾

雾是常见的自然现象，霾指在近地面的空气中，有大量尘埃或烟屑浮游在空中，令能见度下降。近期我国不少地区把霾与雾并在一起作为灾害性天气预警预报，统称为“雾霾天气”。

提示

雾霾中含有多种对人体有害的细小颗粒和有毒物质，包括酸、碱、盐、胺、酚等，以及尘埃、花粉、螨虫、流感病毒、结核杆菌、肺炎球菌等，严重威胁人体健康。

应对技巧

1. 避免雾霾天气室外晨练。雾霾天早晨最好不出门，更不宜晨练，否则可能诱发疾病或加重病情。如引起心脏病发作，造成生命危险。

2. 尽量减少外出，如果外出最好戴上医用口罩。口罩以棉质口罩最好。

3. 呼吸系统疾病患者和心脑血管病患者在雾霾天应坚持按时服药。

4. 选择中午阳光较充足、污染物较少的时段短时间开窗换气。

5. 上下班高峰期污染物浓度最高，尽量远离马路。

6. 多吃豆腐、坚果等补充机体钙和维生素 D，另外，雪梨可润肺，雾霾天可以多食。

专家提示

城市有毒物质来源：

1. 汽车尾气。

2. 工业生产排放的废气。

3. 采暖和日常生活排放的废气。

4. 建筑工地和道路交通产生的扬尘。

1. 雾霾天气时，进入室内要及时洗脸、漱口、清理鼻腔，去掉身上所附带的污染残留物，以防止有害物质危害人体。

2. 洗脸时最好用温水，利于洗掉脸上的颗粒。

3. 清理鼻腔时可以用干净棉签蘸水反复清洗，或者反复用鼻子轻轻吸水并迅速擤鼻涕，同时要避免呛咳。

4. 雾霾天气，不管是在室内还是在室外，都应该尽量不抽烟或少抽烟。

11 高温

日最高气温达到 35℃ 以上，就是高温天气。在高温和热辐射的长时间作用下，机体体温调节发生障碍，出现水、电解质代谢紊乱及神经系统功能损害，可引起中暑。

提示

在闷热的环境中，通风不佳，散热困难，或露天劳动时直接在烈日下暴晒等都容易引起中暑。

应对技巧

1. 迅速把伤者移至阴凉通风处或有空调的房间，平卧休息，头部抬高，松解衣扣。

2. 轻者饮淡盐水或淡茶水，可服用藿香正气水、十滴水、人丹等。

3. 人工散热：体温升高者，用凉水或 30% 乙醇擦浴直到皮肤发红。擦洗全身（除胸部），水的温度要逐步降低，或在头部、腋窝、大腿根部用冷水或冰袋敷之，以加快散热。可采用电风扇吹风等散热方法，但切忌直接对着患者吹风，防止引起感冒。

4. 每 10 ～ 15 分钟测量 1 次体温。

5. 严重中暑，立即拨打“120”急救电话，以获得专业急救人员的帮助。

专家提示

高温中暑的主要表现：

1. 先兆中暑：在高温环境下出现大汗、口渴、无力、头晕、眼花、耳鸣、恶心、胸闷、注意力不集中及四肢发麻，体温不超过 37.5℃。

2. 轻度中暑：上述症状加重，体温在 38℃以上，出现面色潮红或苍白、大汗、皮肤湿冷、脉搏细弱、心率快。

3. 重度中暑：除先兆中暑、轻度中暑的症状外，还会出现意识障碍及呼吸循环衰竭的症状和体征，体温可达 40℃。

进一步建议

1. 盛夏期间做好防暑降温工作，应开窗使空气流通，地面经常洒水，设遮阳窗帘等。

2. 合理安排作息时间，不宜在炎热的中午或强烈日光下过多活动。加强个人防护，如戴遮阳帽，涂抹防晒霜，饮凉白开水、冷盐水、白菊花水、绿豆汤等防暑饮品。准备一些常用的防暑降温药品。

3. 高温条件下的作业人员，应采取防护措施或停止作业。

4. 出现头痛、心慌等症状时，应立即到阴凉处休息、饮水。

5. 使用防暑降温药品，如藿香正气水、清凉油、十滴水、人丹等，可以帮助缓解中暑症状。

12 雷电

大雨天气中，雷电是一种常常被人们忽视的严重气象灾害。雷鸣电闪所产生的冲击波、火光和电流，能使人心搏和呼吸立即停止并造成严重烧伤，亦可导致人员伤亡、建筑物倒塌，引发火灾等。

提示

雷电天气时，带电的云层会对大地间迅猛地放电，对电子设备危害极大，应注意防范。

应对技巧

1. 雷雨天气时，如果看见闪电几秒内就听见雷声时，说明正处于近雷暴的危险环境，此时应停止户外活动或行走，两脚并拢并蹲下。

2. 雷雨中，一旦有头发竖起或皮肤有明显颤动感，表示即将要发生雷击，应赶紧蹲下，并扔掉身上佩戴的金属饰品，以减少遭雷击的危险。

3. 如果发现有人不幸被雷击，可就地实施心肺复苏进行抢救，并立即拨打“120”急救电话，报告事故地点及伤情。对昏迷患者要坚持长时间抢救，不可轻易放弃。

进一步建议

1. 雷雨天气时，尽量不要待在户外。

2. 在户外遭遇雷雨，要尽快离开高大物体，在空地上时应尽量降低自身高度并减少人体与地面的接触面，可双脚并拢蹲下，头伏在膝盖上，但不要跪下或卧倒。

3. 雷电发生时应尽可能远离建筑物外露的水管、煤气管等金属物体及电力设备。

4. 雷电发生时不要撑金属伞柄的雨伞在雨中行走，不要把铁器扛在肩上高于身体。

5. 雷雨天气时，在户外不要接听或拨打手机。

6. 雷雨到来之前，应马上关好门窗、拔掉电源和电话线等可能将雷电引入的金属导线，以防雷电进屋及损坏电器。稳妥科学的办法是在电源线上安装避雷器并做好接地。

7. 雷雨天气时，不宜在雨中快速骑摩托车、自行车或狂奔，因为身体的跨步越大，电压就越大，也越容易伤人。

8. 雷电发生时，不要在车内听广播。

13 踩踏

在公共集会、学校下课或放学时，由于人流量比较大，或者由于某种突发原因，出现人群情绪失控，发生拥挤、推搡时，往往会出现踩踏事故。此时，如果你正好置身在这样的环境中，就非常有可能受到伤害。

提示

踩踏事件的主要致伤因素包括撞击、挤压、碾挫及烧烫伤等。最初受伤的病人得不到及时救护，会遭受反复踩踏，伤势进一步加重，同时又容易导致更多的人员受伤。

应对技巧

1. 如果已被裹挟至人群中，要切记和大多数人的前进方向保持一致，不要试图超过别人，更不能逆行。

2. 在拥挤的人流中，一定不要采用身体前倾或者低重心的姿势，即便鞋子被踩掉，也不要贸然弯腰提鞋或系鞋带。如有可能，应抓住一样坚固牢靠的东西，待人群过去后，再弯腰提鞋或系鞋带。

3. 当发现自己前面有人突然摔倒时，要马上停下脚步，同时大声呼喊，告知后面的人不要向前靠近。

4. 如果出现拥挤踩踏的现象，应及时拨打“110”或“120”等寻求帮助。

进一步建议

1. 要有安全防范意识，在参加任何公共活动时，尽量避开人多拥挤的地方。

2. 进入场地后先观察安全出口的位置，以便一旦有危险可以尽快通过安全出口撤离。

3. 在人流量较大时，上下楼梯应尽量抓住扶手，并要相互礼让，遵守秩序，靠右行走，注意安全。

4. 在集市、庙会、大型活动时，往往人流量比较大。在拥挤的人群中，要时刻保持警惕，当发现人群出现骚动，就要做好准备，及时撤离。

5. 如果发现拥挤的人群朝着自己行走的方向拥来，尽可能避开；若来不及避开，应紧贴一面墙站住，不要奔跑，以免摔倒。

14 爆炸

人们在生产活动中，由于不认识物质的危险特性或违反了正常生产操作，而意外地发生了突发性大量能量的释放，伴有强烈的冲击波、高温高压和地震效应的事故，称为爆炸事故。

提示 爆炸现场的人们往往来不及逃生和疏散，爆炸产生的高温、高压、气体产物和各种碎片对人体伤害很大。爆炸还会引发次生灾害，如火灾、交通事故、踩踏事件等。因此，要严防爆炸事故的发生。

应对技巧

1. 如果处在事故现场时，应尽可能开展自救互救工作，向“120”“110”“119”呼救。在这些人员到来之前保护现场，维持秩序，对伤者进行初步急救。

2. 协助神志不清者侧卧，保持气道畅通，迅速清除其气道内的尘土、沙石，防止发生窒息。若伤者呼吸停止，立即进行心肺复苏。但伤者已发生心脏和肺损伤时，慎重应用胸外按压技术，以免造成反效果。

3. 就地取材，进行止血、包扎、固定。

4. 如果远处发生爆炸，要立即卧倒，保护头部。不要在树旁、建筑物旁等躲避，因为这些建筑物和树木也可能会因为爆炸而受到损害，躲避者有可能遭遇第二次伤害。

5. 要服从统一指挥，不要进入有警戒线或警戒标志的现场。

专家提示

1. 周围有汽油、柴油、乙醇、煤气等可燃物时，严禁明火。

2. 烟花爆竹的存放要远离火源、热源。切勿在加油站或油罐车附近燃放烟花爆竹。

3. 在路上遇到油罐车、甲醇罐车、乙醇罐车等，要尽量远离。

4. 家里发生火灾时，要在第一时间关闭煤气阀门，避免发生爆炸事故。

5. 不要使用可能被爆炸物污染的食物、饮用水和生活用品。

进一步建议

1. 熟悉周围环境，预先设计突发事故时的逃生路线和方法。

2. 积极参加各种避难、逃生、救灾等演习活动。

第四部分 常见急症

生活中由于各种原因，我们会遇到一些突发急症，如高热、昏迷、中暑，甚至是食物中毒，遇到这些常见急症时，应沉着大胆，冷静细心，分清轻重缓急，果断采取相应的处置办法。如果是自己患病，要积极自救，并及时求助。如果身边有人突发急症，在拨打急救电话的同时，应采取措施积极救助。一般来讲，要先处理危重患者，再处理病情较轻的患者，在同一患者中，先抢救生命，再治疗伤病。充分运用现场可供支配的人力、物力来协助急救。

1 传染病

传染病即传染性疾病，是由各种病原体引起的能在人与人、动物与动物或人与动物之间相互传播的一类疾病。

提示

传染病多是靠空气和接触传播，经常消毒可有效减少病原体的传播，阻止传染病的扩散。

应对技巧

1. 阳光消毒：利用阳光消毒是最简单的自然消毒方法。阳光中的紫外线能使细菌等微生物的遗传物质在传递过程中出现差错，导致细菌不能存活。阳光消毒效果与光线强度和暴晒时间有关，照射强度越大，暴晒时间越长，杀菌的效果就越好。一般物品在阳光直射下晒6小时可达到消毒目的。适宜于阳光消毒的主要是被褥、毛毯、床垫、衣服等。

2. 热力消毒：主要是利用蒸汽和煮沸时的湿热力对细菌起到杀灭作用。此种方法简便易行，可利用锅、盆、蒸笼等各种工具进行。适用于碗筷、茶具、酒具、剩余饭菜及某些衣物、被单的消毒。蒸煮消毒前应先将物品清洗干净，然后进行消毒。蒸煮时间一般不应少于15分钟。

3. 化学消毒：可使用来苏儿、乙醇等对器具、皮肤、衣服消毒，以达到除菌的目的。

小知识

《中华人民共和国传染病防治法》规定的传染病分为甲类、乙类和丙类。

甲类传染病（2种）是指：鼠疫、霍乱。

乙类传染病（26种）是指：传染性非典型肺炎（严重急性呼吸综合征）、艾滋病、病毒性肝炎、脊髓灰质炎、人感染高致病性禽流感、甲型H1N1流感、麻疹、流行性出血热、狂犬病、流行性乙型脑炎、登革热、炭疽、细菌性和阿米巴性痢疾、肺结核、伤寒和副伤寒、流行性脑脊髓膜炎、百日咳、白喉、新生儿破伤风、猩红热、布鲁氏菌病、淋病、梅毒、钩端螺旋体病、血吸虫病、疟疾。

丙类传染病（11种）是指：流行性感冒、流行性腮腺炎、风疹、急性出血性结膜炎、麻风病、流行性和地方性斑疹伤寒、黑热病、包虫病、丝虫病，除霍乱，细菌性和阿米巴性痢疾，伤寒和副伤寒以外的感染性腹泻病、手足口病。

上述规定以外的其他传染病，根据其暴发、流行情况和危害程度，需要列入乙类、丙类传染病的，由国务院卫生行政部门决定并予以公布。

2 晕厥

晕厥俗称昏厥、晕倒，是指突然发生的短暂性意识丧失。晕厥多数为脑缺血、缺氧所致，往往发生在体位突然改变时，突然意识不清，跌倒在地，可伴或不伴有四肢抽搐，数分钟至数十分钟后自行清醒，其后无特别不适。

提示

晕厥的特征是“来得快，去得快”，即突然发生，数秒后或者调整姿势后可自行恢复。

应对技巧

1. 拨打“120”医疗急救电话，寻求专业急救人员的帮助。

2. 帮助患者取平卧位，下肢抬高15°～20°。

3. 保持患者气道畅通，如有呕吐，要将患者头偏向一侧，以免呕吐物误吸引起气道阻塞。松开患者的衣领、腰带等束缚物。

4. 密切观察患者生命体征的变化，并根据情况给予处理。

5. 有条件时应该予以吸氧。在室内无条件吸氧时可将门窗打开，保持空气清新。

6. 如果目击患者突然晕倒，无意识、无呼吸、无脉搏，应立即进行心肺复苏。

警示

晕厥有一定的发病率，甚至正常人也可能出现。发作多呈间断性，存在多种潜在病因，而且缺乏统一的诊疗标准，所以发生晕厥后，必须及时就医，否则有猝死的危险。

专家提示

几种常见晕厥：

1. 血管迷走性晕厥：常因疼痛、情绪紧张、恐惧、天气闷热、疲劳、空腹等因素引起。晕厥发生时血压下降，心率减慢而心搏微弱，面色苍白出冷汗，但恢复较快，无明显后遗症。

2. 直立性低血压晕厥：发生于患者采取直立位或持久站立时，由于血液蓄积于下肢，回心血量减少，收缩压下降，导致脑部暂时性供血不足所致。

3. 心源性晕厥：系心脏病时心输出量减少或心脏停搏所致，其可由严重的心律失常、心脏排血受阻、心肌缺血等引起。

4. 脑源性晕厥：由于脑血管发生循环障碍，导致一过性广泛性脑供血不足所致，最常见的就是一过性脑缺血发作。

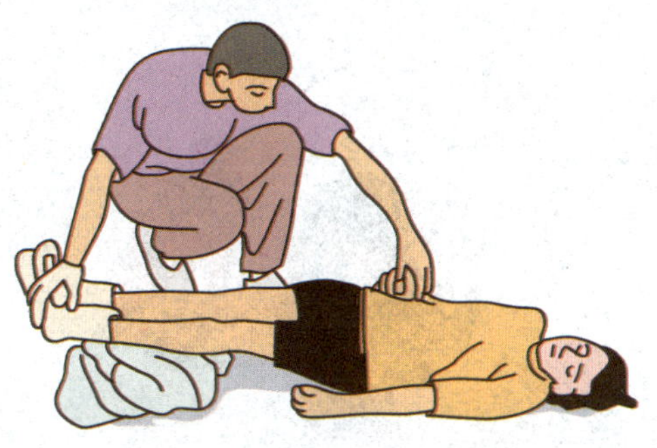

3 休克

休克是由各种极为严重的致病因素导致机体有效循环血量急剧减少，使全身组织器官、微循环灌注不良，引起以组织代谢紊乱和器官功能障碍为特征的临床综合征。

提示

休克并不是单一而独立的疾病，严重休克时，可出现心、肺、肾等多器官功能衰竭的紧急状态，不及时抢救可导致死亡。

应对技巧

1. 拨打“120”医疗急救电话，寻求专业急救人员的帮助。

2. 患者取平卧位，下肢略抬高 15° ～ 20° ，以利于静脉血回流。如有呼吸困难者，可将其头部和躯干适当抬高，以利呼吸。

3. 保持气道畅通，清除口腔内痰液等分泌物或异物，尤其是休克伴昏迷者，应将其颈部垫高，下颏抬起，使头部后仰，同时头偏向一侧，以防呕吐物、分泌物误吸入气道。

4. 有条件的予以吸氧，及时用鼻导管供氧，给氧量为每分钟 6 ～ 8 升，间歇给氧。

5. 观察患者生命体征的变化，即密切观察呼吸、脉搏、血压、尿量等情况。

6. 注意给体温过低的患者保暖，为其盖上棉被、毯子。但对伴发高热的患者，应给予适当的降温，以物理降温为好。

7. 对患者因外伤出血引起的出血性休克，应积极采取适当方法止血。

专家提示

休克的主要表现：

1. 血压降低，指成人肱动脉收缩压（平常所说的高压）低于 90 毫米汞柱。

2. 肢端湿冷、皮肤苍白、口唇及指（趾）甲发绀，有时伴有大汗。

3. 脉搏搏动未扪及或细弱。

4. 烦躁不安，易激惹或神志淡漠、嗜睡、昏迷。

5. 尿量减少或无尿。

警示

引起休克的原因：各种心脏病导致的心功能障碍、中毒、创伤、出血、烧伤、严重腹泻、过敏，以及外伤、剧痛、脊髓损伤或麻醉意外等。

4 心血管意外

心脏病是人类健康的头号杀手，全世界 1/3 的人口死亡是心脏病引起，我国每年有几十万人死于心脏病。心血管意外主要为：心肌梗死、脑卒中、心源性猝死。

提示

心血管疾病大都是由于工作压力过大、过度劳累、生活不规律、饮食不节制造成的。

应对技巧

1. 心绞痛发作时：

（1）患者立即停止活动，取半坐卧或平卧位，舌下含服硝酸甘油 0.25 ~ 0.5 毫克（1 片）。注意不能吞服，要舌下含化。5 分钟无效可再含服 1 片，最多服用 3 片。也可以口服速效救心丸 10 粒，要用温开水或凉开水送服，千万不能用茶水。如果 15 分钟后疼痛持续存在，应迅速拨打“120”急救电话，寻求专业急救人员的帮助。

（2）如果患者没有自带药物，可用手指掐内关穴（在前臂掌侧横纹上 2 寸，两条筋之间），也能起到急救作用。

（3）畅通气道，松解颈、胸、腰部的紧身衣物。

警示

心绞痛每次发作历时 1 ~ 5 分钟，很少超过 15 分钟。如果心绞痛发作时间越来越长，两次发作的间隔时间越来越短，就是心肌梗死的警报。突发急性心肌梗死的 4 分钟内，是抢救生命的黄金时间。

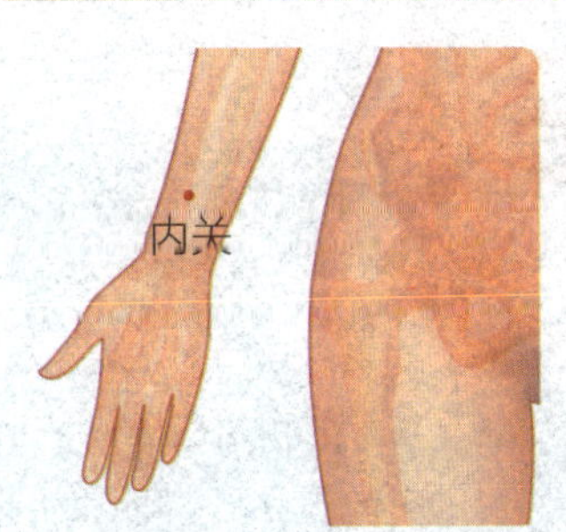

小贴士

如果心绞痛发作次数增加，疼痛加重且持续时间延长，就有可能发生心肌梗死。也有原来无心绞痛发作史，心前区突然剧痛，持续加重者；少数人并无心绞痛发作，只表现为胸闷不适，稍活动即心悸气短、全身乏力。心肌梗死主要表现如下：

1. 胸口剧痛，休息后仍不减轻。
2. 疼痛一般持续 30 分钟至数小时不缓解。
3. 疼痛可放射到肩部、左手臂及左下颌。
4. 常会出现恶心、呕吐、出汗、极度痛苦症状及呼吸困难等。
5. 含服硝酸甘油也不能缓解疼痛。

2. 急性心肌梗死发作时：

（1）保持镇定，根据情况迅速做出判断，在拨打“120”急救电话，寻求专业急救人员帮助的同时，立即有条不紊地抢救。

（2）让患者立即就地平卧，千万不要搀扶其走来走去或乱搬乱动，这样会加重病情。

（3）松开患者的衣领，嘱其少说话，保持平静，避免精神紧张。备有氧气时，可让患者吸氧。如患者焦虑不安，可以口服 5 毫克（1 片）安定。

（4）如果患者发生呕吐，应将其头侧向一边，避免呕吐物进入气管。

（5）如果发生休克，应把患者头放低，脚稍抬高，以增加头部血流。这时千万不要给患者喂水、喂食。

（6）如果发生心搏、呼吸骤停，应立即施行心肺复苏。

（7）禁止自行送患者去医院，以免发生意外。

心血管意外发生前，通常都有先兆，最常见的是心绞痛。心绞痛多在剧烈运动、情绪激动、饭后、寒冷等刺激时发生，以发作性胸痛为主要表现，疼痛常有压迫、发闷或紧缩感，常放射至左肩、左臂内侧达无名指和小指，有时也可发生颈、咽或下颌部不适，通常持续数分钟，有时在休息或舌下含服硝酸甘油后缓解。也有些患者的表现形式不典型，常表现为胃痛、上腹痛、牙痛、颈痛等。

进一步建议

1. 日常注意低盐饮食，多吃蔬菜、水果，避免高脂肪、高热量的摄入。
2. 寒冷季节要注意保暖。
3. 经常测量血压，保持血压稳定。
4. 出现心慌、胸闷、头晕、头痛等症状时，及时就医。
5. 有心脏病史者要随身携带急救药品，以备不时之需。

5 脑血管意外（中风）

脑血管意外又称脑卒中，是以脑部缺血及出血性损伤症状为主要表现的突发疾病，分为出血性（脑出血或蛛网膜下腔出血）和缺血性（脑梗死、脑血栓形成）两大类。因其发病急骤，症状多种多样，病情变化迅速，与风之善行数变特点相似，故中医学称之为中风。

提示

脑血管意外常留有后遗症，目前，其发病年龄趋向年轻化，已成为威胁人类生命和生活质量的重大疾患。

专家提示

中风的表现：

1. 剧烈头痛：既是中风的信号，也是中风的一个重要症状。

2. 呕吐：一般伴随头痛一起出现，多呈喷射状。

3. 眩晕：眩晕还多伴有呕吐或耳鸣，是脑中风的常见症状。

4. 偏瘫：一侧肢体及同侧舌和面部肌肉运动障碍。

5. 偏身感觉障碍：一侧肢体及同侧舌和面部感觉异常。

6. 偏盲：突然出现看不见左或右的物体或视觉缺损，也可以表现为一过性眼前发黑或感觉眼前突然飞过一只蚊子。

7. 口角流涎（流口水）：出现口角歪斜，或食物从口角流出。

8. 突发言语不清和吞咽呛咳：表现为说话不清，喝水或吞咽时呛咳。

9. 意识障碍：表现为神志模糊不清、呼吸不应、打呼噜，严重的可出现深度昏迷。

应对技巧

1. 拨打“120”急救电话，寻求专业急救人员的帮助。

2. 让患者去枕平卧，头偏向一侧，以免呕吐物堵塞气管而窒息。

3. 松解患者颈、胸、腰部的紧身衣物，为其取出义齿（假牙），保持气道畅通。

4. 切忌为唤醒昏迷者而对其大声叫喊或猛烈摇动其身体。

5. 在患者倒下的地方就地施救，不要急于将其从地上扶起，尽量减少移动患者。

6. 不要选择自驾车或出租车转运患者。

7. 注意为患者保暖，以免寒冷刺激。

8. 如果患者有抽搐发作，可用筷子或小木条裹上纱布垫在其上下牙间，以防其咬破舌头。

9. 检查患者有无外伤，出血者可给予止血。

10. 如果患者出现气急、咽喉部痰鸣时，可用塑料管或橡皮管插入其咽喉部，从另一端用口吸出痰液。

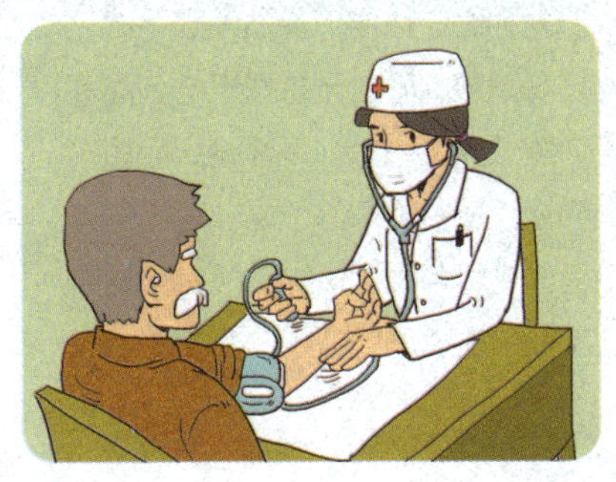

6 糖尿病昏迷

糖尿病是一种常见的内分泌代谢性疾病，糖尿病昏迷是糖尿病最主要的急性并发症，对神经系统的影响尤大。

提示

糖尿病昏迷如不及时抢救治疗，昏迷超过 6 小时，就会造成不可能恢复的大脑组织损伤，有时还有可能引起心肌梗死和中风，甚至造成死亡。

应对技巧

1. 拨打“120”急救电话，寻求专业急救人员的帮助。

2. 最好先辨别昏迷的性质，鉴别出是高血糖性昏迷还是低血糖性昏迷。

3. 如果患者意识尚清醒，并能吞咽的话，那么对于低血糖性昏迷最有效的办法是让患者喝糖水或吃糖块、甜点之类；而对于高血糖性昏迷的有效办法是喝点加盐的茶水或低盐番茄汁等。

4. 若患者意识已经丧失，应将其放平，为其解开衣领，保持气道畅通。

5. 因高血糖性昏迷和低血糖性昏迷的治疗措施相反，所以一时难以判断是何种原因引起的昏迷时，暂时不要治疗。

小贴士

两种糖尿病昏迷的区别，简单而言就是低血糖性昏迷患者常见肌力弛缓、体温下降而呼吸平稳、皮肤潮湿、呼吸无特殊气味；而高血糖性昏迷患者则见呼吸深而快、口渴、皮肤及口唇干燥、呼出气体有似“烂苹果”气味。两者可通过实验室检查确诊。

进一步建议

由于低血糖性昏迷最为常见，所以糖尿病患者宜随身携带几粒糖果和糖尿病卡片，一旦发生低血糖不适时可以及时自救和被他人急救。

专家提示

糖尿病患者出现昏迷症状时，可能有两种情况：一是由于治疗用药不够，或患者还患有其他疾病，使血糖急剧增高而引起的昏迷，称作高血糖性昏迷，如糖尿病酮症酸中毒时所致的高渗昏迷等；二是由于治疗糖尿病过程中使用降糖药过量，使血糖急剧降低而引起的昏迷，称作低血糖性昏迷，如使用胰岛素过量而出现的昏迷。

7 过敏

过敏是指机体对某些物质、外界刺激等所产生的超常的或病理的反应。如果吃过某些药品、食品，或接触到花粉、灰尘，出现皮肤红肿，或出现荨麻疹，甚至是呼吸困难、哮喘等，提示发生了过敏。

提示

过敏反应的特点是发作迅速、反应强烈、消退较快；一般不会破坏组织细胞，也不会引起组织损伤，有明显的遗传倾向和个体差异。

应对技巧

1. 对于一般过敏应先采用非特异性的脱敏治疗，如止痒、止喘等一些对症疗法，以及服用抗过敏药物，如氯苯那敏（扑尔敏）、地塞米松等。一旦症状缓解后，应马上到皮肤科或变态反应科就诊，确定是不是变态反应性疾病；查清致敏原后，选择适当的时机，针对致敏原制订相应的特异性的脱敏治疗方案，即一般说的“特异性脱敏治疗”。

2. 发生严重过敏反应，应立即拨打“120”或当地的急救电话，同时松开患者的紧身衣物。如果无窒息和呕吐，可使患者保持平躺的姿势。如患者有呕吐或吐血等症状，应使其仰卧，头偏向一侧，保持气道畅通。如果患者呼吸、心搏停止，则应立即进行心肺复苏。

专家提示

过敏的主要表现：

1. 气道阻塞症状：由喉头水肿、肺水肿、气管和支气管痉挛引起。表现为胸闷、心悸、喉头有堵塞感、呼吸困难及脸色涨红等，伴有濒危感、口干、头昏、面部及四肢麻木。

2. 微循环障碍症状：由微血管广泛扩张所致。表现为面色苍白、烦躁不安、畏寒、冷汗、脉搏微弱及血压下降等。

3. 中枢神经系统症状：由脑部缺氧所致。表现为意识丧失、昏迷、抽搐及大小便失禁等。

4. 皮肤过敏反应：如瘙痒、荨麻疹及其他各种皮疹等。

进一步建议

避免过敏要做到“避”“忌”“替”“移”。

1. 如果是对油漆或花粉过敏，就应该“避”开，不接触。

2. 如果吃某种食物过敏，应“忌”口不再吃，这样就防止了过敏的发生。

3. 有些不能采取“避”和“忌”的，如患者对青霉素过敏，就应选用其他不过敏的抗生素来“替”代青霉素，从而使治疗达到预期目的。

4. “移”就是移走，如对家中的羽毛枕头过敏，就应该把它移走。

8 癫痫

癫痫发作的表现多种多样，如果怀疑自己或家人得了癫痫，就应及时就医，由专家明确诊断，不要盲目相信偏方、秘方，以及听信游医游说、自作主张增减抗癫痫药物。

癫痫即俗称的“羊角风”或“羊癫疯”，是大脑神经元突发性异常放电，导致短暂的大脑功能障碍的一种慢性疾病。

应对技巧

1. 癫痫发作时，迅速让患者仰卧，不要垫枕头，把缠有纱布的压舌板垫、毛巾条等放在其上下牙齿间，以防患者自己咬伤舌头。

2. 将患者头偏向一侧，使口腔分泌物自行流出，防止口水误入气道，引起吸入性肺炎。同时，还要把患者下颌托起，防止窒息。解开患者身上约束的衣物，如领带及绷紧的衣物等。移开易对患者造成伤害的物品，防止发生意外。

3. 请勿强行约束患者抖动的肢体，以免造成伤害（如骨折）。应刺激或点压其人中、合谷、足三里、涌泉等穴位。

4. 如患者有呼吸障碍、连续发作，立即拨打“120”急救电话，寻求专业急救人员的帮助。

专家提示

癫痫的主要表现：

1. 强直—阵挛性发作：患者突然意识丧失，全身肌肉持续强烈收缩，倒地，双眼上翻，牙关紧咬，四肢伸展或屈曲，持续数秒至数十秒后转为频率较快的全身震颤。患者醒后全身酸痛，不能回忆发作过程。

2. 失神发作：突然的意识丧失，正在进行的动作及语言停止，双眼凝视，表情呆滞，持续数秒至数十秒，以后突然恢复，继续发作前进行的活动。

3. 痉挛发作：多见于小婴儿，表现为短暂的点头伴四肢屈曲样收缩，或四肢伸展、头向后仰。发作常成串出现，每串痉挛的强度逐渐增加，达到高峰后又逐渐减弱。

4. 肌阵挛发作：患者表现为点头、头后仰或双侧肩部及手臂抽动，导致患者动作不稳定或掉物，如影响到下肢，患者可能站立不稳或步态不稳、突然跌倒。

5. 失张力发作：短暂失张力发作也称跌倒发作，表现为患者头下垂或跌倒，之后迅速起来，持续时间不足 1 秒，意识丧失不明显。长时间的失张力发作，则患者意识丧失，全身松软，凝视或闭目，无发声也无运动。

9 呕吐和腹泻

呕吐和腹泻是一种常见的急诊病症，病因很多，常见的主要是消化系统疾病，如急性胃肠炎等。

提示

呕吐和腹泻严重的时候，可以导致水和电解质紊乱，甚至会导致死亡。

应对技巧

1. 及时到医院就诊，以便能得到及时、正确的治疗和处理。

2. 发生腹泻后，人体损失最多的是水和电解质，机体一旦脱水，就可能引起肾衰竭，所以发生腹泻后应及时口服补液盐。

3. 腹泻导致身体营养损失，所以即使腹泻也要进行营养补充，可以吃一些流质饮食，如牛奶、藕粉、菜汁、果汁、鸡蛋汤、软面和稀粥等。一般呕吐和腹泻早期可以吃些加咸菜的清淡米汤，中期好转后最好吃软烂食品。

专家提示

根据呕吐与腹泻的情况，可以初步判断一下其原因和归类：

1. 餐后的呕吐和腹泻，往往是食物中毒或进食不洁食物引起的，也可由胃肠炎引起。

2. 晨间呕吐在育龄女性应考虑早孕反应，有时也见于尿毒症或慢性乙醇中毒。夜间呕吐多见于幽门梗阻。

3. 若粪便为灰白色，可能是结石、肿瘤、蛔虫等引起的胆道梗阻；若为黑色，在没有进食动物血制品和黑色的食物、药物的前提下，则可能是上消化道出血；粪便为红色则常提示下消化道出血；有柏油样腥臭味常提示痢疾；淡黄色则提示脂肪消化不良；多泡沫、酸臭味，一般多为糖消化不良；恶臭则为蛋白质消化不良及肠道有害菌多。

警示

如果呕吐或腹泻不止，或是呕吐物或排泄物中有血液、胆汁等其他成分，就要警惕；一些神经系统疾病和内分泌系统疾病，也可以导致呕吐和腹泻，所以一定要引起重视。

10 细菌性食物中毒

细菌性食物中毒多由进食被细菌污染过的食物而发病，多见于夏秋季，其致病菌种类较多，最常见的是沙门杆菌、大肠杆菌、变形杆菌、葡萄球菌、肉毒杆菌。

提示

细菌性食物中毒的共同特点是吃同一种食物的人在短时间内同时或相继发病，症状相似。

应对技巧

1. 立即拨打“120”急救电话，寻求专业急救人员的帮助。

2. 多喝淡盐水或淡糖盐水，补充丢失的水和电解质。

3. 呕吐及腹泻有助于清除胃肠道内残留的毒素，早期一般不予止吐和止泻。

4. 呕吐严重时禁食，待呕吐停止后进食易消化、清淡流质或半流质饮食。

5. 将吃剩的食物、餐具等保存好，迅速通知卫生检疫部门进行检验。

专家提示

细菌性食物中毒的主要表现：

患者常在进食后半小时至数小时，大多不超过 24 小时，出现以急性胃肠炎症状为主的恶心、呕吐（呕吐物为食物残渣）、腹痛、腹泻、脐周痛，大便每日数次至数十次不等。中毒严重者可因剧烈呕吐、腹泻造成脱水、酸中毒、休克、呼吸衰竭而危及生命。

1. 不暴饮暴食，不吃剩饭剩菜，更不能吃腐败变质的食物。

2. 不能食用病死禽畜，肉类食物要煮熟再食用。

3. 消灭蟑螂、苍蝇、老鼠等，防止食品被污染。

4. 生熟食物分开放置，切生熟食的菜板和刀具应分开，用后立即清洗，以免滋生细菌。

5. 致病菌带菌者应暂时隔离，以免传染他人。

11 动物性食物中毒

动物性食物中毒是指吃了动物性有毒食物所引起的中毒，主要包括河豚毒素中毒、贝类中毒、鱼类引起的组胺中毒，以及动物甲状腺、肾上腺、病变淋巴结中毒等。

提示

动物性食物毒性不同，中毒临床表现也不相同，严重者可致人死亡，因此应及时到医院诊治。

应对技巧

1. 立即拨打“120”急救电话，寻求专业急救人员的帮助。
2. 立即停止进食可疑中毒食物。
3. 真实报告中毒食品的来源，由相关部门妥善销毁。
4. 在急救人员到来前采取催吐措施。
5. 卧床休息，以减少体力消耗。
6. 呕吐及腹泻有助于清除胃肠道内残留的毒素，早期一般不予止吐和止泻。
7. 腹痛时可用热水袋置于中毒者腹部，但应避免烫伤。

专家提示

1. 要提高识别动物甲状腺的能力，不要误买或误食带有甲状腺的动物咽喉等。
2. 鲜海蜇要经过食盐加明矾盐渍三次才能将毒素排尽。

进一步建议

1. 河豚有剧毒，严禁购买和进食河豚。
2. 避免进食被污染海域中的鱼贝类。
3. 慎食生鲜水产品。不吃腐烂变质的鱼及贝类。
4. 不买眼睛变红、色泽不新鲜、身体无弹性的鱼。
5. 不食含有瘦肉精的动物类食物。

12 植物性食物中毒

植物性食物中毒是指因误食有毒植物或有毒的植物种子，或烹调加工方法不当，没有把植物中的有毒物质去掉而引起的中毒。

警示

植物中的有毒物质多种多样，毒性强弱差别较大，临床表现各异，救治方法不同，因此一旦发现食物中毒，即应到正规医院诊治。

应对技巧

1. 如果喝酒时食用野生鲜蘑菇后出现头痛等症状，不要误认为是酒醉，应及时去医院检查以排除毒蘑菇中毒。

2. 拨打“120”急救电话，寻求专业急救人员的帮助。

3. 在急救人员到来之前，应及时进行催吐。

4. 躺卧呕吐时，头偏向一侧，以免窒息。

5. 不要使用止吐药和止泻药，因为呕吐和腹泻是机体的自我保护反应，可以帮助机体排出毒素。

进一步建议

1. 四季豆要烧熟煮透方可食用。

2. 不可食用生芽过多或皮肉大部分变黑、变绿的马铃薯。发芽很少的马铃薯，应彻底挖去芽和芽周围的部分后再食用。

3. 鲜黄花菜含有秋水仙碱（一种有毒物质），应先用开水焯一下，再用清水浸泡 2 小时以上，捞出后挤尽汁液，彻底炒熟后再吃。

4. 蒸煮时能使银器或大蒜变黑者是毒蘑菇。

5. 不食生果仁。

6. 鲜木耳含有一种叫卟啉的物质，如果被人体吸收，经阳光照射，可以引起皮肤瘙痒、水肿等，严重者可致呼吸困难，因此鲜木耳应晒干后再食用。

7. 不食霉烂变质的瓜果蔬菜。

专家提示

常见的植物性食物中毒有三种：

1. 将天然含有有毒成分的植物或其加工制品，如桐油、大麻油等当作食品食用，引起的中毒。

2. 将未能破坏或除去有毒成分的植物，如木薯、苦杏仁等当作食品食用，引起的中毒。

3. 大量不当食用含有有毒成分的植物性食品，如鲜黄花菜、发芽马铃薯、未腌制好的咸菜或未烧熟的扁豆等，引起的中毒。

13 化学性食物中毒

化学性食物中毒是指食入有毒化学物质或被化学物质污染的食物所引起的中毒，主要包括有机磷农药中毒、甲醇中毒、亚硝酸盐中毒、毒鼠强中毒、氨基甲酸酯类中毒、锌化物中毒等。

提示

化学性食物中毒救治一定要快，因此发现症状要立即就诊。

应对技巧

1. 出现以下情况，应立即拨打“120”急救电话，寻求专业急救人员的帮助：神志恍惚、语言不清、肢体麻木、抽搐、惊厥、瞳孔缩小、昏迷、胸闷、嗜睡、皮肤青紫。

2. 躺卧呕吐时，头偏向一侧，以免引起窒息。

3. 有条件者可在急救人员到来之前吸氧。

4. 甲醇中毒时应注意避光，保护眼睛，可戴眼罩。

专家提示

清醒患者可以在急救人员到来之前自行催吐，以迅速排出胃内毒物。催吐前可先饮温开水致有饱感。再用干净棉签或洗净的食指伸入口中，到舌根下2～3厘米处缓慢上下滑动，以刺激咽后壁引起恶心、呕吐。

进一步建议

1. 吃新鲜蔬菜，不吃储存过久的蔬菜、腐烂蔬菜和放置过久的煮熟蔬菜。

2. 枯井水含亚硝酸盐较多，不宜当作饮用水。

3. 瓜果蔬菜可采取“一洗、二烫、三削”的方法去除残留农药。

（1）一洗：指用流动水清洗蔬菜水果的方法，主要用于菠菜、生菜、小白菜等叶类蔬菜。金针菜、韭菜花可放在水中漂洗，一边排水一边洗，然后在盐水中泡洗一下。

（2）二烫：适用于西兰花、芹菜、青椒、豆角等。用温水清洗或放到沸水中煮2～5分钟，捞出再用流动水洗两遍即可。

（3）三削：适用于冬瓜、苹果、黄瓜等。食用前先清洗再去皮，以免削皮刀沾染农药污染蔬果。

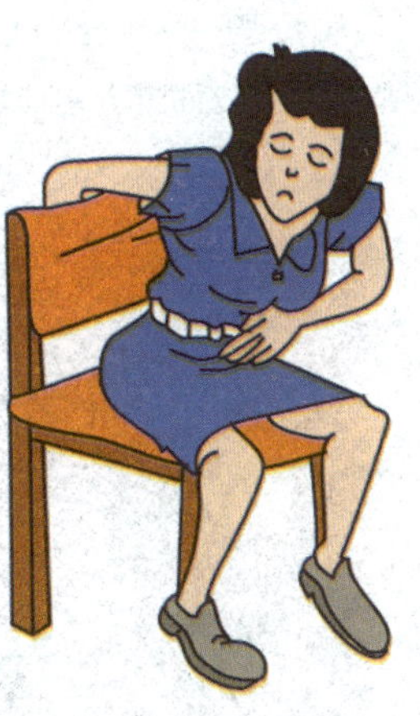

14 酒精中毒

酒精是乙醇的俗称，酒精中毒是由于一次摄入大量的乙醇或酒类饮料后，引起中枢神经系统的先兴奋后抑制，继而使延髓血管运动中枢和呼吸中枢受到抑制，严重者可引起呼吸衰竭、呼吸麻痹而导致死亡。

提示

各类酒中都含有不同浓度的乙醇，当大量饮酒超过机体的极限时，就会引起中毒。

应对技巧

1. 轻度中毒者，首先要制止其继续饮酒，然后让患者卧床休息，注意保暖，大量喝温开水等，以促进乙醇的排泄。注意避免呕吐物阻塞气道，如无特别，一觉醒来即可自行康复。

2. 中度中毒者，可让其喝些温开水，然后用手指等刺激其咽部，使其将胃内食物及酒吐出，减少身体对乙醇的吸收。必要时洗胃。

3. 重度乙醇中毒者，出现烦躁、昏睡、抽搐、呼吸微弱时，拨打“120”急救电话，寻求专业急救人员的帮助。

4. 有呕吐者，要为其清理口腔，保持气道畅通，使其侧卧或将其头偏向一侧，防止窒息。

5. 注意观察患者的神志、呼吸、脉搏，如心搏呼吸停止，立即进行心肺复苏救护。

专家提示

酒精中毒大致可分为三期：

1. 兴奋期：血液乙醇浓度达到500 毫克 / 升时，眼部充血，面色潮红或苍白，眩晕；超过 750 毫克 / 升时，言语增多、兴奋、情绪无常；达到 1 000 毫克 / 升时，易发生交通事故。

2. 共济失调期：血液乙醇浓度达到 1 500 ~ 2 000 毫克 / 升时，动作笨拙、步态蹒跚、语无伦次、言语含糊不清等。

3. 昏睡期：血液乙醇浓度达到 3 000 毫克 / 升以上时，面色苍白、皮肤湿冷、口唇微紫、心搏加速、瞳孔散大；超过 4 000 毫克 / 升时，昏迷、抽搐、大小便失禁、血压下降，可因循环、呼吸衰竭而死亡。

警示

乙醇致死量为 5 ~ 8 克 / 千克。严重的乙醇中毒不仅危害自己的身体健康，还会因醉酒肇事引起其他危害。

15 药物误服

各类药物都有自己的功效和作用，并存在一些不良反应，如因粗心等原因导致吃错药，甚至误服毒物，就会导致中毒。

警示

儿童由于年幼不懂事，常会将药物当成糖果和饮料，误服药物的情况时有发生，应特别注意。

应对技巧

1. 药物过敏急救方法：如果出现药物过敏，应马上停止用药，必要时可服用氯苯那敏（扑尔敏）或氯雷他定（开瑞坦）等抗过敏药物。严重的过敏反应很可能导致脱落性皮炎，即大片皮肤脱落，该病很危险，应马上就医。出现哮喘或过敏性休克时，更应立即送往医院抢救。

2. 外用药误服急救方法：如果误服腐蚀性很强的药物，如来苏儿或苯酚等消毒药水，不宜采用催吐法。可以让患者喝适量牛奶、稠米汤或植物油等，这些食物能附着在食管和胃黏膜上，减轻药水对人体的刺激。如误服强酸、强碱性药物，也不宜催吐，以免造成对食管和咽喉的二次伤害，可喝些生蛋清、牛奶、植物油等保护胃黏膜，然后送到医院治疗。

3. 大量服用安眠药等镇静类药物的急救方法：拨打“120”急救电话，寻求专业急救人员的帮助。同时立即进行催吐。可让患者大量饮用温水，然后用筷子或手指轻触患者的咽部或舌根部催吐，然后让患者喝大量温水，再催吐；如此反复进行。

4. 误服变质药物急救方法：误服变质药物，如疑有不良反应，可用催吐法。如果超过1小时才被发现，需要立即就医。催吐时饮用盐温水，或用鲜生姜100克，捣碎取汁，用200毫升温水冲服；还可用十滴水催吐。如果误服者已经昏迷，意识不清时，千万不要催吐，因为呕吐物有可能被吸入气道，造成窒息。

进一步建议

1. 设置家庭药箱，家里的药物集中放置，以免被儿童拿到误服。

2. 所有的药物写明药品名称、用途、用法、用量及有效期限，并分门别类地存放。例如，成人药物与儿童药物分开存放；外用药与口服药要分开，以免错拿造成误服。

3. 及时清理过期、变质的药物。

4. 严格按照医嘱服药。

提示

进行急救时，催吐必须及早进行，若服毒时间超过3小时以上，毒物已进入肠道被吸收，催吐也就失去了意义。

16 家庭药箱的配置

很多危及生命的紧急情况都发生在家中，所以家中配置一个完善的药箱，配备基本的药品和器械是非常必要的。

提示 家庭急救药箱的内容应视家庭人口多少与家庭成员健康状况而定。家中有慢性病患者的，应根据病情需要常备相关药物。

常用物品

体温表、消毒纱布、绷带、脱脂棉、75%乙醇、碘伏、高锰酸钾、过氧化氢、手套、口罩、冰袋、小剪刀、镊子、 生理盐水（需要注意的是开封后用剩的应该扔掉，如果没有，可用未开封的蒸馏水、纯净水代替）、三角巾、安全扣针、胶布、创可贴、袋装面罩或人工呼吸面膜。有条件的还可配备血压计、血糖仪、氧气袋等。

常备药物

1. 治疗感冒的药物：感冒清热冲剂、小儿感冒冲剂、清热解毒口服液、布洛芬、阿司匹林等。

2. 止痛的药物：正天丸、复方羊角胶囊、双氯芬酸（扶他林）等。

3. 止咳化痰的药物：复方甘草片、急支糖浆、川贝枇杷露、止咳糖浆等。

4. 抗感染的药物：乙酰螺旋霉素、头孢拉定、头孢呋辛、氧氟沙星等。

5. 助睡眠的药物：安定、硝西泮、百草安神片、柏子养心丸等。

6. 抗过敏的药物：西替利嗪、氯雷他定（开瑞坦）、氯苯那敏（扑尔敏）等。

7. 治疗胃肠病的药物：藿香正气水（丸）、洛哌丁胺（易蒙停）等。

8. 治疗便秘的药物：黄连上清丸、麻仁丸、开

专家提示

家庭药箱药物配备、保存原则：

1. 除非经常使用，每种药物不要大量存放。并存放于儿童无法触及的地方。

2. 药品混放在一起可导致相互污染而影响药品质量，以及因拿错药而导致误服。所以各种药物最好分开存放，应将中药、西药分开存放，将外用药、内服药分开存放，将处方药、非处方药分开存放。

3. 不要轻易撕去药品内包装上标记药名和规格等文字的标签，以免无法辨认药品。如果药物不是原装的，一定要把药物的名称、用途、用法、用量、注意事项和有效期等详细标明。

4. 每隔一段时间检查一遍，及时丢弃过期、变质、受潮、霉变的药物，以免误服。

塞露等。

9. 助消化的药物：多潘立酮（吗丁啉）、健胃消食片、酵母片、复方氢氧化铝片（胃舒平）、颠茄片等。

10. 清咽消暑的药物：风油精、清凉油、口炎清冲剂、冬凌草片、藿香正气水（丸）、西瓜霜、西地碘（华素片）、草珊瑚含片等。

11. 急救药物：硝酸甘油、速效救心丸、硝酸异山梨酯（消心痛）等。

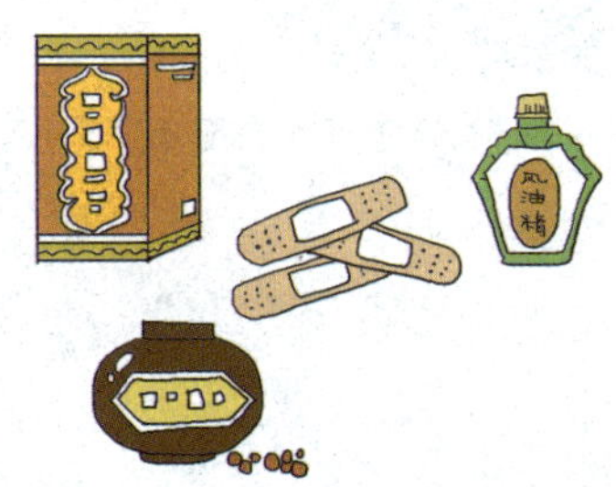

12. 治疗高血压、冠心病的药物：硝苯地平、复方丹参滴丸等。

13. 治疗跌打损伤的药物：麝香止痛膏、云南白药、扶他林乳胶剂、甲紫、红花油、烫伤膏、伤湿止痛膏。

14. 治疗眼病的药物：珍视明滴眼液、氯霉素眼药水、利福平眼药水等。

15. 治疗妇科疾病的药物：乌鸡白凤丸、妇炎洁等。

16. 其他：维生素片、钙尔奇 D 等。

小贴士

各类药物的保存方法：

1. 片剂：主要是防潮。片剂吸潮后会松散、潮解、溶化、粘连等，糖衣片会褪色，表面出现花斑或膨胀裂片、霉变等。因此，片剂应置密闭干燥、阴凉处保管，避免高温、潮湿或直接阳光照射。

2. 胶囊剂：胶囊剂受热易粘连变形、爆裂，发生漏粉和霉变。保管时应注意防热、防潮，应密封于阴凉处保存。

3. 溶液剂：包括糖浆剂，如储存不当，极易发生霉败、变色及沉淀等质量变异，主要保管措施是防热、防污染，应密封后存放于阴凉处，温度不宜超过 25℃。

4. 软膏剂：应密封后放于 30℃以下保存。具有特殊臭味的软膏剂，应置阴凉处并与其他一般药物分开，以防串味。乳膏剂在冬季还要防冻，以免失去均匀性。软膏剂还应防重压。

5. 栓剂：应防热、防潮和防干燥，应在 30℃以下密封后保存。

6. 针剂：针剂大多只有在医护人员指导下方可使用。为避免使用不当，家中不宜留存。

第五部分 心理健康

随着社会的进步，心理健康已日益受到社会各界的普遍关注，空巢家庭及退休老人心理健康问题更加突出。抑郁、焦虑等心理健康疾病也屡见不鲜，有的甚至影响家庭和谐。改善社区居民的心理健康状况，增强其承受各种心理压力和处理心理危机的能力刻不容缓。

1 邻里纠纷解决

邻里，顾名思义就是指生活居住空间接近的人家。在社区平时生活中，邻里难免会出现一些矛盾和纠纷。

提示

“昔孟母，择邻处”，好的邻里关系，对一个家庭的生活、工作、学习，以及家庭成员的身心健康和孩子成长，都起着非常重要的作用。

专家提示

常见引起邻里纠纷的原因：

1. 高空抛物或高空坠物：如垃圾。
2. 噪声：如午间赶工装修声、夜间麻将声、晚上听音乐、宠物叫声等。
3. 养宠物：如噪声、卫生、气味、人身伤害等。
4. “霸占”公共空间：如搭建违章建筑、占用楼梯间放杂物等。
5. 上下层漏水：如卫生间、厨房漏水。
6. 气味：如排风口、宠物、垃圾、污水等散发的气味。
7. 高空滴水：如空调滴水、洗衣水、浇花水、拖把水等。
8. 占用他人空间：如车位。
9. 其他：如安装门、窗、支架、栅栏、护罩等防卫设施影响邻居安全或导致邻居生活不便。

应对技巧

1. 提高公共意识。其实邻里纠纷大部分都是些小事，但就因为双方互不相让，导致矛盾激化。邻里双方应当多换位思考，包容和理解他人，正确处理相互间的通行、通风、采光、卫生、噪声等相邻关系，尽量互不干扰。如给对方造成妨碍或损失，应当停止侵害、赔礼道歉、赔偿损失。

2. 依法投诉。如他人对自身造成妨碍或损失，但对方拒绝停止侵害、赔礼道歉、赔偿损失的，可向有关部门或物业公司进行投诉，依法处理。

进一步建议

1. 邻里间经常串门走走，有困难互相关心，有病痛凶灾互相看望慰问。
2. 平时见面，点头微笑。
3. 对待邻居的老、弱、残、妇、幼，应一视同仁，不歧视，要关心爱护，达到团结、和睦的目的。
4. 邻里间忌闲言杂语，互挑毛病；忌指桑骂槐、含沙射影，处事公开、公平、公道。

2 儿童多动症防治

儿童多动症多发生于儿童时期，表现为与患者年龄不相称的过度活动，注意力不集中或注意持续时间短暂，冲动、任性、情绪不稳，并伴有认知障碍和学习困难的一组综合征。

提示

多动症儿童的注意缺陷和多动不分时间、地点、场合，在需要安静或严肃陌生的场合更明显，甚至在睡眠时也如此。

应对技巧

1. 行为治疗： 对患者的正确行为给予强化，使患者学会适当的社交技能，或者用新的有效的行为来替代不适当的行为。例如，对一个在家做作业时常分心做其他事的患儿，可统计其做作业时的分心次数，如比以前减少五次就给一面小红旗予以鼓励，到周末总结，得了五面红旗就发给他一个小奖品；如果一天中做了“坏事”，就减去一面已获得的小红旗以示惩罚。

2. 注意力集中训练：训练患儿每做一件小事都要有始有终，训练时间逐步延长。

3. 认知行为治疗：可让患儿学习如何去解决问题，学会预先估计自己的行为所带来的后果，克制自己的冲动行为；识别自己的行为是否恰当，选择恰当的行为应对方式。

专家提示

儿童多动症主要表现：

1. 学习时容易分心，上课很不专心听讲，常东张西望或发呆。

2. 不注意细节，在做作业或其他活动中常常因粗心大意出现错误。

3. 丢失或特别不爱惜东西，如常把衣服、书本等弄得很脏很乱。

4. 做事难于持久，常常一件事没做完又去干其他的事。

5. 与其说话时，常常心不在焉，似听非听。

6. 需要静坐的场合难于静坐或在座位上扭来扭去。

7. 上课时常有小动作或玩东西，或者与同学讲悄悄话。

8. 话多，好插嘴，别人问话未完就抢着回答。

9. 十分喧闹，不能安静地玩耍。

10. 难以遵守集体活动的秩序和纪律，如游戏时抢着上场，不能等待。

11. 容易兴奋和冲动，有一些过火的行为。

12. 在不适当的场合奔跑或登高爬梯，好冒险，易出事故。

3 儿童孤独症防治

儿童孤独症又称儿童自闭症，是发生于儿童早期的一种涉及感知觉、情感、语言、思维和动作与行为等多方面的发育障碍。

提示

儿童孤独症是广泛性发育障碍中最为常见和典型的一种，它不是由一般的单一的原因造成的，而是来自多数原因的障碍症候群。

专家提示

导致儿童孤独症的因素：

1. 遗传因素。

2. 脑器质性损害：如产伤、宫内窒息、感染、中毒等。

3. 环境因素：早年生活环境中缺乏丰富和适当的刺激，没有教以社会行为的儿童，或长期处在单调环境中的儿童，会用反复动作来进行自我刺激，对外界环境就不产生爱好。

4. 家庭因素：父母受过高等教育，比较聪明，但做事刻板，并有强逼倾向，对孩子冷淡和顽固，家庭缺乏温暖。

应对技巧

对儿童孤独症，至今没有特效的治疗方法。目前以教育和训练为主。

1. 人际交往能力训练：

（1）培养患儿在交谈时注视别人眼睛和脸。父母可以用手捧住患儿的头，与他面对面，一边追随他的目光，一边温和地叫他的名字，直到患儿开始注视父母的眼睛或脸；也可以在患儿面前扮鬼脸或用新奇的物品吸引他的目光。

（2）训练患儿用语言表达自己的意愿和用语言传递信息。可创造一定的情景或利用患儿提出要求时进行，反复训练使患儿能用语言表达自己的愿望。也可让患儿进行传话训练，传话开始句子要短些，之后逐渐延长，如此反复训练使患儿能主动与他人建立关系，改善交往。

（3）教会患儿理解常见的体态语言的含义，如点头、摇头、鼓掌等，还可以通过游戏逐步学习与他人交往，扩大其交往范围。

2. 行为矫正训练：训练时一定要有极强的耐心，不能急于求成，步骤要从简单到复杂，方法要直观、形象、具体、生动。对患儿的进步要及时给予表扬和赞美。具体措施有：

（1）发脾气、尖叫、行为刻板、强迫等不良习惯的矫正：父母应尽快找出原因，带患儿离开原环境，或采取不予理睬的态度，待患儿自己平息后，立即给予关心和安抚，对其自己停止发脾气或尖叫大加表扬和称赞。不要一味迁就，不要在患儿尖叫或发脾气时满足他的要求，不配合患儿完成他的刻板行为。对患儿的日常生活规律常有意识地做一些小的变动，使患儿在不知不觉的小变化中，慢慢习惯常规生活变化。培养患儿正常合理的兴趣，积极从事一些建设性的活动，如画画、写字、玩游戏、做家务等，以改善他们的刻板和强迫行为。

（2）孤独行为的矫正：父母应熟悉患儿的需要和喜好，尽量融入他们的生活，让孩子能逐步接受大人的帮助，逐步接受外界，配合语言能力和交往能力的训练，帮助患儿走出孤独。

（3）怪异行为的矫正：可让患儿帮忙用手提一些物品，或大人轻轻牵住他的手，或用简洁的语言制止其怪异行为。如此反复，让患儿逐步认识到怪异行为是不被允许的。

提示

自闭症会造成儿童言语能力衰退，智力和感觉异常，爱发脾气，有攻击、自伤等行为，对儿童危害极大，应及时治疗。

小贴士

孤独症一般在 3 岁前缓慢起病，其主要临床表现有以下几个方面。

1. 社会交往障碍：患儿不能与别人建立正常的人际关系，没有目光对视，缺乏表情，没有期待父母和他人拥抱、爱抚的表情或姿态，或者拒绝父母的拥抱和爱抚，在得到别人的关爱时也不会流露出愉快和满足感。

2. 语言交流障碍：语言发育明显落后于同龄儿童，且患儿说话时毫不在意别人是否在听，好像是在自言自语，可能突然讲出一些语句，但内容与当时的环境、与别人正谈论的话题毫不相干。

3. 兴趣范围狭窄和动作行为刻板：患儿对于正常儿童所喜欢的游戏、玩具不感兴趣，却对于一些不是玩具的物品有特别的迷恋，如一个瓶盖、一段废铁丝；或者盯着转动的电风扇、下水道的流水等，可以持续数十分钟甚至几小时也不厌倦。若这些行为活动程序被改变，患儿则会出现焦虑不安、哭闹，甚至会出现反抗行为。部分患儿有重复刻板地拍手、捶胸、转圈、跺脚等动作。

4. 智能障碍：75% ~ 80% 患儿伴有不同程度的精神发育迟滞。

5. 精神神经症状：多数患儿有注意缺陷和多动症状，约 20% 患儿合并抽动症状。其他症状有强迫行为、自伤行为、攻击和破坏行为，以及违拗、拒食、异食等。

4 青少年叛逆心理防治

青少年叛逆心理是青少年成长过程中经常会出现的一种心理状态，是指人们为了维护自尊，而对对方的要求采取相反的态度和言行的一种心理状态。

警示

叛逆心理虽然说不上是一种非健康的心理，但是如果不及时加以矫正，发展下去对青少年的成长非常不利，甚至会导致青少年自杀。

应对技巧

1. 加强青少年心理和思想品德教育。要按照青少年身心发展的特点，进行科学的教育。

2. 重视青少年的自我教育，调动他们自身的积极性。让他们认识到克服逆反心理的最好办法是进行自我教育。

3. 家长应控制自己的情绪，改变原有的教育方法，了解孩子，与孩子和睦相处。

4. 教师应提高自身素质，转换教育方式，尊重青少年，与青少年和睦相处，消除其逆反心理产生的诱发因素。

5. 改善社会环境和社会条件，减少引起逆反心理滋生的社会因素。

专家提示

青少年逆反心理的表现：

1. 对正面宣传做反面思考。

2. 对不良倾向产生情感认同。

3. 对榜样及先进人物无端否定。

4. 对思想教育、遵章守纪要求的消极抵抗。

小贴士

青少年逆反心理产生的原因：

1. 青少年思维方式、思维视角已越出童年期简单和单一化的正向思维，向着逆向思维、多向思维或发散思维等方面发展。

2. 青少年在性方面的发育逐渐成熟，进而形成渐趋强烈的个性意识、独立意识、成人意识，认为自己已长成大人，理应自己管理自己。

3. 尽管青少年生理和心理的发展有了极大的飞跃，但由于其阅历和经验的不足，造成其认知事物和看问题时的偏差太大，从而出现认识上的片面、偏激、固执和极端化。

4. 家庭不良因素的影响。一些家庭中不良的教育方式，直接促使青少年逆反心理的形成。

5. 学校不良因素的影响。学校是青少年成长和社会化的主要环境，学校不良因素的作用也是青少年逆反心理形成的主要因素。

5 神经衰弱防治

神经衰弱是指大脑由于长期的情绪紧张和精神压力，从而产生精神活动能力的减弱，其主要特征是精神易兴奋和脑力易疲劳、睡眠障碍、记忆力减退、头痛等，同时伴有各种躯体不适等症状。

提示 神经衰弱治疗一般以心理治疗为主，辅以药物、物理或其他疗法。

1. 心理治疗：

（1）学会自我调节：加强自身修养，以适当方式宣泄自己内心的不快和抑郁，以解除心理压抑和精神紧张。家人及周围的人要努力给其创造一个和谐的环境，使其生活得轻松、愉快，减少思想负担，有利早期治愈。

（2）正确认识自己：对自己的身体素质、知识才能、社会适应力等要有自知之明，尽量避免做一些力所不及的事情，或避免从事不适合自己的体力和精神的活动。

2. 药物治疗：药物起到镇静安神作用，帮助调整机体的生理紊乱。

3. 物理或其他疗法：可适当合并针灸、耳针静电或交流电离子导入等理疗。

4. 为了提高疗效，应合理安排作息制度，坚持锻炼身体，适当参加文体活动。

神经衰弱患者主要表现为：

1. 易兴奋、易激惹。

2. 脑力易疲乏，如看书学习稍久，则感头昏，注意力不集中、记忆力减退。

3. 头痛部位不固定。

4. 睡眠障碍，多为入睡困难，早醒，或醒后不易再入睡，多噩梦。

5. 自主神经功能紊乱，可出现心动过速、出汗、厌食、便秘、腹泻、月经失调、早泄。

6. 继发性疑病观念。

进一步建议 患者应该拥有好的睡眠，因为失眠导致神经衰弱是一种常见的精神障碍，同时，只要摆正心态，正面面对，积极治疗，患者的神经衰弱症状一定会有所好转。

6 抑郁症防治

抑郁症是一种常见的心境障碍，可由各种原因引起，以显著而持久的心境低落为主要临床特征，且心境低落与其处境不相称，严重者可出现自杀念头和行为。

提示

多数抑郁症病例有反复发作的倾向，每次发作大多数可以缓解，部分可有残留症状或转为慢性。

应对技巧

1. 坚持锻炼身体：长期缺乏锻炼不仅严重损害身体机能，更会加重抑郁症患者负面情绪。坚持锻炼身体可充分调动人体潜能，活化身体细胞，身体放松了，内心也慢慢就会放松下来，情绪自然就会有一定的缓解。

2. 外出交际：强迫自己走出去，多接触朋友，参加社会活动，尽管开始内心会很痛苦，但是坚持一段时间后，负面情绪就会被外部环境慢慢消融，患者就会重燃自信。

3. 整理感受：把自己的消极感受完整地整理在一个专门的笔记本上，在锻炼或者身心状态有所缓解之后，再去看它。切记，只是去看，不分析，此时一定会有不同的感受。

4. 拒绝对号入座：关于抑郁症的信息非常多，而能给抑郁症患者帮助或是有价值的却是少之又少，由于抑郁症患者没有良好的内心防御能力，往往会把自己的状况与其对照，造成内心更大的压力，更有甚者起初只是有一些抑郁的情绪，最后却被自己强化为了抑郁症。所以在感觉自己有抑郁症症状时，可到医院请专业人员进行诊断。

5. 阅读书籍：开卷有益，多阅读一些心理学、哲学等方面的书籍，让我们对自身、对生命有更深刻的认识，超越过去的思想局限。

专家提示

抑郁症的主要表现为：

1. 情绪低落：患者常愁眉苦脸、忧心忡忡、兴趣丧失。

2. 思维迟缓：患者注意力、记忆力下降，主动性言语减少，语速明显减慢，在回答问题时拖很久，难以出口，严重者无法进行交流。

3. 意志活动减退：患者主动性活动明显减少，行为缓慢生活被动、懒散，不愿参加各项活动，喜爱独处。严重者常整日卧床，多数患者出现社交回避。

4. 躯体症状：抑郁症患者除出现情绪的变化外，大部分患者还会伴有机体的某些变化，出现躯体不适感、睡眠障碍等，可表现为头痛、头晕、心悸、胸闷、气短、出汗、口干、食欲下降、胃肠不适，以及早醒和入睡困难，醒后不能再继续入睡。

小贴士

怀疑自己患了抑郁症时，可以通过做一些测试题来进行自我评价，常用的用来测评抑郁症的工具主要是汉密尔顿抑郁量表（HAMD）和抑郁自评量表（SDS）。其中，前者是临床上评定抑郁状态时最常使用的量表。两者均可从网络上下载得到。

7 更年期综合征防治

更年期多发于 45 岁以上人群，是人生中一个重要的转折时期。进入更年期以后，除了肝、脑、肾、脾、胰的重量逐渐下降，人的生理和心理更是发生了一系列的变化。此时期激素水平下降而引起的一系列症状即更年期综合征。女性症状比男性表现明显，在此主要介绍女性更年期综合征。

提示

女性更年期无论开始早晚、历时多久，都可分成绝经前期、绝经期和绝经后期，并以卵巢功能的逐渐衰退至完全消失为标志。

应对技巧

1. 放慢生活节奏。保持乐观、戒除不良生活习惯，是保持更年期健康的要素。人到中年，对于事业有成、担负工作重任的女性来说，需要劳逸结合，尤其要注意适当减压。即将退休或已经退休的女性，若赋闲在家，就要培养更多的生活乐趣；对于过去的工作适当发挥余热即可，不必过度留恋。

2. 加强锻炼。保证每周至少 3 次、每次大于 30 分钟的有氧运动，以保持健康体魄。锻炼时穿平底运动鞋、合体而吸汗的开衫上衣，以利于运动。

3. 控制食欲，适量饮食。到了更年期，血脂、血糖会发生不利于健康的悄然改变；身体的基础代谢率下降，脂肪容易堆积于身体中段，发生向心性肥胖。因此控制饮食并保持合理的膳食比例，是此阶段的重要任务。

4. 切勿滥用药物。目前认为，在 60 岁以前、绝经 10 年内，积极应用性激素，在缓解更年期症状的同时，可能有益于心血管系统。但需要强调的是，对于更年期女性，不能把补充性激素视为必须之举，不能类同于“甲状腺功能低下，则补充甲状腺激素”的理念。补充性激素的根本目的，不在于用药物提高身体的性激素水平，更不在于让女性来月经而保持年轻的感觉。如果滥用性激素，势必危害女性健康。

5. 多与家人、朋友及医生沟通。更年期的诸多症状常常令人苦恼，原因是许多症状经多次就医也不能查明原因。在这种情形下，一方面要积极接受医生建议，合理使用改善更年期症状的药物；另一方面要多与家人、朋友沟通，缓解心理压力。

专家提示

更年期的女性往往容易焦躁不安，心烦易怒，注意力不集中、记忆力减退、烦躁、失眠。阴道萎缩、阴道没有弹性、性交疼痛，经常可见月经时间拖后，出现闭经，最后月经停止。由于代谢功能的变化而导致营养失衡，进而产生许多疾病，如高血压、肥胖症、骨质疏松症、肿瘤等。

8 空巢综合征防治

空巢是指无子女或子女成人后相继离开家庭，形成中老年人独自居住的状态。老年空巢综合征是中老年人在子女成家立业独立生活后，由于适应不良出现的一种综合征。

提示 减少子女离家后对家庭的心理冲击，避免空巢出现的情感危机，就要积极防治空巢综合征。

应对技巧

1. 自身方面：正视空巢，自我调适，乐观生活。空巢中老年人要调整好自己的心态，学会关爱自己，寻找适合自己的生活方式，如多接触外界、在社会上释放余热等。学会自我调适，建立有规律的生活非常重要。

2. 子女关怀和照顾方面：

（1）空巢中老年人的子女必须经常联系中老年人、看望中老年人，照顾中老年人，尽到给中老年人提供生活保障的义务。

（2）对于高龄、丧偶、有疾病的空巢中老年人，子女在经济条件允许的情况下，应尽量为中老年人请受过专业培训的家政护理人员或保姆，提高中老年人的生活质量。

（3）子女应支持丧偶空巢中老年人再婚。

3. 加强社区服务体系的构建，社区服务人员应经常走访空巢家庭，组织空巢中老年人参加集体活动，并通过讲座、黑板报、墙报等形式向中老年人介绍一些身心保健知识，提高他们的身心健康水平。大力开展青年志愿者活动，协助中老年人做家务、采购生活用品；建立老年公寓、养老院、托老所等，接纳生活不能自理的单身空巢中老年人。

专家提示

空巢综合征的主要表现为：

1. 精神空虚，无所事事：子女离家之后，父母从原来多年形成的紧张有规律的生活，突然转入松散的、无规律的生活状态，他们无法很快适应，进而出现情绪不稳、烦躁不安、消沉、抑郁等。

2. 孤独、悲观、社会交往少：对自己存在的价值表示怀疑，陷入无趣、无欲、无望、无助状态，甚至出现自杀的想法和行为。

3. 躯体化症状：受“空巢”应激影响产生的不良情绪，可导致 系列的躯体症状和疾病，如失眠、早醒、睡眠质量差、头痛、食欲不振，心慌气短、消化不良、心律失常、高血压、冠心病、消化性溃疡等。

警示 空巢综合征会加速中老年人精神上的衰老，使其产生自我封闭、脾气怪僻、性格偏执、心胸狭窄等变态心理，甚至会诱发老年性痴呆、老年性抑郁症等疾病。

9 离退休综合征防治

离退休综合征是指职工在离退休以后出现的适应障碍。因为老人们突然从工作岗位上退下来，生活模式发生重大的改变，他们往往感到无所适从，心理上难适应，产生失落、孤独、自卑等心理变化。

提示

大约六成的人退休后会出现“退休综合征”。

应对技巧

1. 调整心态：让老年人在心理上认识和接受离退休是不可避免的事实。

2. 老有所为：有一技之长的离退休老人，可以积极寻找机会，做一些力所能及的工作。一方面发挥余热，为社会继续做贡献，实现自我价值；另一方面使自己精神上有所寄托，使生活充实起来，有利于增进身体健康。

3. 老有所学：“活到老，学到老”。一方面，学习促进大脑的使用，使大脑越用越灵活，延缓智力的衰退；另一方面，老年人要通过学习来更新知识，跟上时代的步伐。

4. 培养爱好：退休后应有意识地培养一些爱好，以丰富和充实自己的生活。例如，写字、作画、种花、养鸟、跳舞、练气功、打球、下棋、垂钓等。

5. 融入社会：退休后，老年人的生活圈子缩小，但老年人不应自我封闭。良好的人际关系可以开拓生活领域，排解孤独寂寞，增添生活情趣。

6. 规律生活：离退休后也可以给自己制订切实可行的作息时间表，早睡早起，按时休息，适时活动，建立、适应一种新的生活节奏。同时要养成良好的饮食卫生习惯，戒除有害于健康的不良嗜好，采取适合自己的休息、运动和娱乐的形式，建立起以保健为目的的生活方式。

7. 心理治疗：老年人出现身体不适、心情不佳、情绪低落时，应主动寻求帮助。对于患严重焦躁不安和失眠的离退休综合征的老人，必要时可在医生的指导下适当服用药物，以及接受心理治疗。

专家提示

离退休综合征的主要表现：

1. 坐卧不安、行为重复、犹豫不决、不知所措，偶尔出现强迫性定向行走，由于注意力不集中而容易做错事。

2. 由于情绪的改变而易急躁和发脾气，对任何事情都不满或不快；易回忆或叙述以往的经历；有的老人因不能客观地评价事物甚至发生偏见。

3. 情绪忧郁，以致引起失眠、多梦、心悸、阵发性全身过热等。这种现象对于平时工作繁忙、事业心强、争强好胜的老年人尤其明显，无心理准备退休的老年人表现得较重。

附录　红十字运动知识

一、红十字运动起源

红十字运动起源于战场救护，瑞士人亨利·杜南先生（1828—1910）是红十字运动的创始人。

1859 年，意大利北部发生了索尔弗利诺战役，约有 4 万名伤兵被遗弃在战场上，尸横遍野，惨不忍睹。正在从事商务活动的亨利·杜南途经此地，为惨状所震惊，立即动员组织当地居民不加歧视地救护伤兵。之后，他撰写了《索尔弗利诺回忆录》一书，提出了两项重要建议：第一，在各国建立全国性的志愿伤兵救护组织，平时开展救护技能培训，战时支援军队医疗工作；第二，签订一份国际公约，给予军事医务人员和医疗机构及各国志愿的伤兵救护组织以中立的地位。亨利·杜南的建议得到了日内瓦 4 位知名公民的支持。1863 年，他们 5 人在日内瓦宣告成立“伤兵救护国际委员会”（1875 年改名为“红十字国际委员会”），标志着红十字运动的诞生。

二、世界红十字日

为了表彰和纪念亨利·杜南先生对红十字运动做出的功绩，红十字会与红新月会国际联合会将杜南的诞生日 5 月 8 日作为世界红十字日，并要求每年的 5 月 8 日，世界各国红十字会或红新月会都要举行一系列活动，纪念红十字运动的创始人亨利·杜南，宣传红十字会的宗旨、性质和任务，传播红十字运动基本原则和国际人道法，扩大红十字运动的影响。

三、红十字运动的三个组成部分

红十字运动由三个部分组成，即红十字国际委员会（简称国际委员会）、红十字会与红新月会国际联合会（简称国际联合会）、国家红十字会或红新月会（简称各国红会）。

红十字国际委员会的前身是“伤兵救护国际委员会”，其职责是在战争或武装冲突地区开展人道救助；救济和医疗援助；探视战俘及因安全原因被逮捕和拘留人员；寻人查信。

红十字会与红新月会国际联合会是世界各国红十字会或红新月会的联合组织。其职责是促进和协调各国红会开展自然灾害的救济和其他人道服务活动，协助救助武装冲突地区以外的难民的工作，预防和减轻人类的痛苦并努力改善最易受损害群体的境况。

国家红十字会或红新月会是红十字运动的基本成员和重要力量。各国红会是本国政府人道工作的助手，是独立自主的全国性团体，根据各自的章程和本国立法从事符合红十字运动基本原则的人道工作。截至 2013 年 5 月，全世界共有 187 个国家和地区红会。

四、红十字运动的七项基本原则

红十字运动的七项基本原则：人道、公正、中立、独立、志愿服务、统一、普遍，是在 1965 年召开的第 20 届红十字与红新月国际大会上正式通过的。

五、红十字标志

红十字标志是国际人道主义保护标志，是武装力量医疗机构的特定标志，是红十字会的专用标志。红十字标志具有保护作用和标明作用，二者不得混淆使用。目前国际红十字运动使用的标志有三种：红十字、红新月、红水晶标志。

国际红十字运动标志